Alfred Härtl

SMD

Surface-Mounted-Device

Härtl, Alfred
SMD · Surface-Mounted-Devices
Allgemeines zur SMD-Technik
Verarbeitung mit dem Lötkolben
Hinweise zur Leiterplattengestaltung (Layout)
Vergleichstabelle konventionell-SMD
Vergleichstabelle SMD-konventionell
Stempelcode-Aufschlüsselung
Anschlußbelegungen von Transistoren und anderen SMD-Bauteilen.

ISBN 3-9800725-2-5

Druck: W. Tümmels Buchdruckerei und Verlag GmbH, Nürnberg
Titelbild mit freundlicher Genehmigung von Philips Components, Hamburg

Vorwort

Die SMD-Technik (Surface-Mounted-Devices) – eigentlich für die automatische Fertigung gedacht – dringt immer mehr in den Reparatur- und sogar in den Hobbybereich vor.

Wenn auch bei den Hobbyisten aus vielerlei Gründen noch Skepsis und Zurückhaltung vorherrschen, so wird sich über kurz oder lang auch der Hobbyelektroniker dieser modernen Technik nicht entziehen können. Spätestens dann, wenn die Industrie interessante Neuentwicklungen von Bauteilen nur noch in SMD fertigt.

Wer den Anschluß, und vor allen Dingen als Fachmann, nicht verlieren möchte, sollte sich etwas näher mit dieser Materie beschäftigen. Die SMD-Technik eröffnet unverkennbare Vorteile und Anwendungsmöglichkeiten (Miniaturisierung der Bauteile), schafft mehr kreativen Spielraum und Aufbausicherheit.

Der Industriestandard bringt es mit sich, daß ein Großteil der Bauteile leider nicht mehr im Klartext beschriftet ist. Aufgrund der Miniaturisierung wird überwiegend mit Codes gearbeitet, eine sichere Indentifizierung ist ohne entsprechende Unterlagen nicht mehr möglich.

Dazu kommt, daß dem Elektroniker die verschiedensten Polaritätsmerkmale und Anschlußbelegungen der Bauteile noch nicht geläufig sind. Wer aber nicht über die vielseitigen und umfangreichen Datenbücher der Hersteller verfügt, dem wird der Einstieg in diese interessante Technik erschwert.

Dieses Buch schafft Abhilfe und Klarheit: es stellt die Mehrzahl der momentan erhältlichen Bauteile mit Anschlußbelegungen, Code Aufschlüsselung, Vergleichstabellen, SMD/konventionell sowie konventionell auf SMD vor.

Die SMD-Technik ist in diesem Sinne keine „neue“ Technik, sondern eigentlich nur eine Miniaturisierung von Bauteilen. Trotzdem oder gerade deshalb müssen diese Bauteile anders als bedrahtete Bauteile verarbeitet werden.

Dieses Buch soll keine Fachbibliothek und kein „wissenschaftliches Werk“ – sondern ein Buch für den Praktiker sein, das die Hemmschwelle vor dem Umgang mit Chip-Bauelementen verkleinert. Jeder Service-Techniker oder SMD-Anwender wird schon nach kurzer praktischer Erfahrung feststellen, daß die SMD-Technik mit den richtigen Hilfsmitteln und etwas Geschick durchaus beherrschbar ist.

Der Verfasser

Inhaltsverzeichnis

SMD-Technik (kleine Einführung)

Surface-Mounted-Devices (SMDs) oder oberflächenmontierte Bauelemente, sind aktive oder passive elektronische Bauelemente ohne Anschlußdrähte im herkömmlichen Sinne. Bei der konventionellen Einsteckmontage werden die Bauelemente (Anschlußdrähte) von der Leiterplattenoberseite (Bestückungsseite) in die entsprechenden Löcher der Platine gesteckt und auf der Leiterbahnseite verlötet.

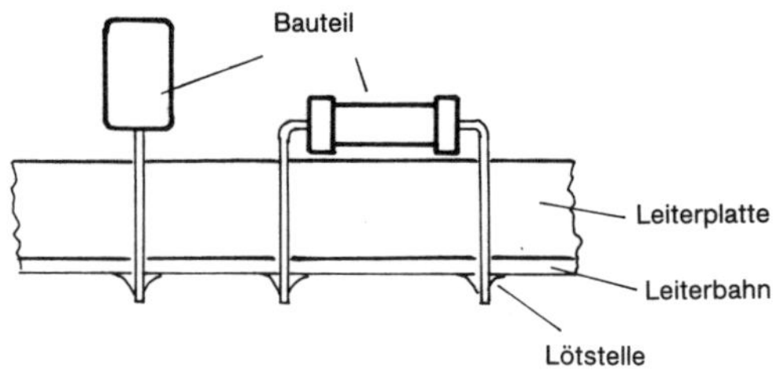

Einsteckmontage, konventionelle Verarbeitung

Bei SMD-Bauteilen dagegen wird der Kontakt über metallische Kappen (z. B. bei Mini-MELF-Gehäusen) oder kleine Stummelfüßchen, hergestellt, mit denen die SMD-Bauteile plan auf die Oberfläche der Leiterplatten gelötet werden.

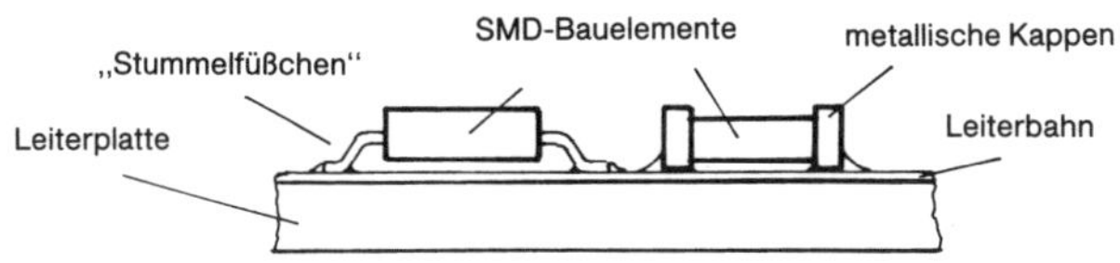

Oberflächenmontage

Während bei der Einsteckmontage die Bauteile nur auf einer Seite plaziert werden – auf der anderen Seite (Lötseite) wird gelötet – ermöglicht die Oberflächenmontage beide Platinen-Seiten zu bestücken.
Als Leiterplatte kommt in erster Linie Basismaterial mit einer Stärke von 0,8 bis 1 mm in Frage.

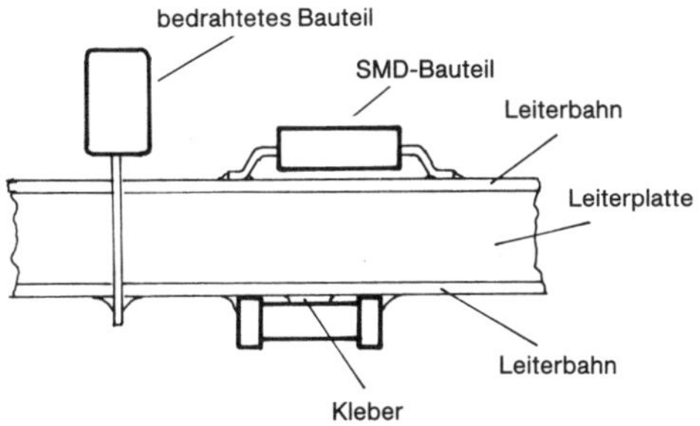

Mischbestückung

Oberflächenmontierbare Bauelemente haben ihren Ursprung in der Hi-Tech-Anwendung auf Hybrid-Schaltungen mit Keramik-Substraten. Die Grundidee der Oberflächenmontage wurde schon gegen Mitte der siebziger Jahre geboren.
Im größeren Umfang ist die SMD-Technik von der Industrie erst wieder anfangs der achtziger Jahre „neu entdeckt" worden. Die SMD-Anwendung bringt heute für die industrielle Fertigung enorme Vorteile. Der Hobbyelektroniker wird sich mit Sicherheit noch längere Zeit mit der konventionellen Technik beschäftigen. In Fällen wo jedoch kleine Elektronik-Bausteine erforderlich sind, ist die SMD-Technik auch für den Elektronik-Bastler interessant.

In den letzten 10 Jahren wurde der größte Beitrag zur Verkleinerung von Geräten durch die SMD-Technik geleistet. Elektronische Geräte waren auch noch nie so kompakt wie heute. Mit dem Erreichten geben sich viele Hersteller nicht zufrieden. Es wird am Ziel festgehalten, noch kleinere und kompaktere Geräte herzustellen.
Es stehen jetzt weitaus kleinere SMDs als bisher zur Verfügung. Bauteile mit einer Abmessung 1,0 x 0,5 mm, bzw. 1,60 x 0,80 mm sind bereits in ihrem Flächenbedarf 10mal kleiner als solche in der Bauform 1206 und 5mal kleiner als die Bauform 0805.

Die anfangs euphorischen Prognosen, daß der Anteil der SMD-Anwendung bis 1990 auf über 50 % steigt, wurde mittlerweile von realistischen Trendaussagen abgelöst.
Der Grund für diese Zurückhaltung liegt wohl darin, daß die Oberflächenmontagetechnik bei sinnvollem Einsatz eine ganze Reihe von Änderungen in der Bauelemente- und Verarbeitungstechnik erfordert, was mit hohen Investitionen und Umstellungsrisiko verbunden ist.

Viele Neuentwicklungen von integrierten Schaltkreisen werden künftig nur noch in dieser Technik hergestellt. Der ernsthafte Elektroniker muß sich daher zwangsläufig – wenn er sich weiterhin mit dem interessanten Hobby der Elektronik beschäftigen will – mit der SMD-Technik vertraut machen.

Vorteile der SMD-Anwendung

Durch Wegfall der Anschlußdrähte können SMD-Bauteile erheblich kleiner als bedrahtete Bauelemente ausgeführt werden. Sie brauchen dadurch weniger Platz auf der Leiterplatte und kann dadurch entsprechend kleiner ausfallen. Durch die Möglichkeit, Leiterplatten beidseitig mit SMDs zu bestücken, können gegenüber einer Schaltung mit bedrahteten Bauelementen über 50 % an Leiterplattenfläche eingespart werden.

Weiterhin entfällt bei SMD-Bauteilen das Biegen und Schneiden der Anschlußdrähte, ebenso fallen die Löcher in der Leiterplatte weg.
Für die automatische Bestückung sind SMD-Bauteile günstiger als bedrahtete Bauelemente, da sie mit hoher Geschwindigkeit verarbeitet werden können.

- Kleine Abmessungen der Bauteile ermöglichen hohe Packungsdichte und weitere Miniaturisierung von Elektronik-Baugruppen (bis 70 %).

- In Verbindung mit der Leiterplatte ergibt sich dadurch eine Verkleinerung der ganzen Baugruppe und des Gerätes.

- Die Bauteilevorbereitung (Schneiden und Biegen der Anschlußdrähte) entfällt.

- Der Wegfall der Anschlußdrähte ergibt größere mechanische Belastbarkeit (weniger Gefährdung der Baugruppen durch Schock und Vibration).

- Baugruppen sind leichter zu vergießen

- Geringe Lager- und Transportkosten

- Geringere Lagerflächen

- Bei der Leiterplattenfertigung: Bohrlöcher werden reduziert oder entfallen ganz

- Kleinere Leiterbahnen, weniger Leiterbahnen

- Fertigungskosten in der Groß-Serie geringer als bei der herkömmlichen Leiterplattentechnik.

Einschränkungen bei der SMD-Anwendung

Das eigentliche Hauptziel der SMD-Anwendung sind maximale Packungsdichten und die dadurch mögliche Verkleinerung der Baugruppen. Das wiederum ergibt Probleme, die nicht der SMD-Technik als solches anzulasten sind, sondern der Miniaturisierung generell.

- Der Einsatz hochpoliger ICs (Raster 0,6 . . . 1,27 mm max. 148 Pins) macht es unter Umständen nicht mehr möglich, Leiterbahnen zwischen die IC-Anschlüsse hindurchzuführen.

- Das Erstellen eines SMD-Layouts stellt deshalb höhere Anforderungen als das Erstellen eines Layouts für konventionelle Bauteile. Dazu ein Beispiel: wenn bei einem herkömmlichen Widerstand der Platz für die Leiterbahnen die darunter hinwegliefen nicht mehr ausreichte, konnten die Beine entsprechend weit auseinander gebogen werden. Bei einem SMD-Widerstand (MiniMELF oder Bauform 1206) können höchstens zwei oder drei Leiterbahnen hindurchgeführt werden.

- Hohe Packungsdichte können Wärmeprobleme bedeuten. Die Verlustleistung ist daher besonders zu beachten. Bei Leistungshalbleitern wird die Verlustwärme direkt über die Leiterplatte abgeführt, was benachbarte Bauteile thermisch beeinflussen kann.

- Noch sind nicht alle Bauteile als SMDs verfügbar.

- SMDs sind noch nicht alle genormt.

- Nicht alle SMD-Bauteile sind im Klartext beschriftet. Manchmal fehlt die Kennung sogar ganz. Beides erschwert die schnelle Identifizierung und bedeutet Verwechslungsgefahr.

- Teilweise aufwendigere Reparatur als bisher (Bauteile lassen sich nicht so leicht und einfach wie konventionelle Bauteile ablöten).

Was sind SMD-Bauteile?

Die Bezeichnung SMD wird meist für Oberflächenmontierte Bauelemente verwendet und steht als Abkürzung für „**S**urface **M**ounted **D**evices", oder auch SMT für **S**urface **M**ounted **T**echnologie.

SMT (Surface **M**ount **T**echnology) für Oberflächenmontagetechnik,

SMD/C (Surface **M**ount **D**evices/**C**omponents) für Bauelemente der Oberflächentechnik,

SMP (Surface **M**ount **P**ackages) für oberflächenmontierbare Gehäuseformen,

SMA (Surface **M**ount **A**ssembly) für Platinenbestückung in Oberflächenmontagetechnik
und
SME (Surface **M**ount **E**quipment) für Bestückungsgeräte der Oberflächenmontagetechnik.

SMDs gibt es in verschiedenen Gehäusebauformen

- **Quaderförmig**
  (Vorzugsbauform) 0805, 1206, 1210, 2220, diese Bauformangabe bestimmt die Abmessung des Bauteiles.
- **Zylinderförmig**
  MELF (Metal **El**ectrode **F**ace Bonding) MINIMELF, MIKROMELF, SOD 80 (MELF-ähnliche Dioden)
- SOT 23, 143, 89, 192
- **SO (S**mall **O**utline) damit werden Gehäuse von 4 . . . 28 Anschlüssen bezeichnet.
- **VSO (V**ery **S**mall **O**utline) Gehäuse mit 40 Anschlüssen
- **PLCC (P**lastic **L**eaded **C**hip **C**arrier)

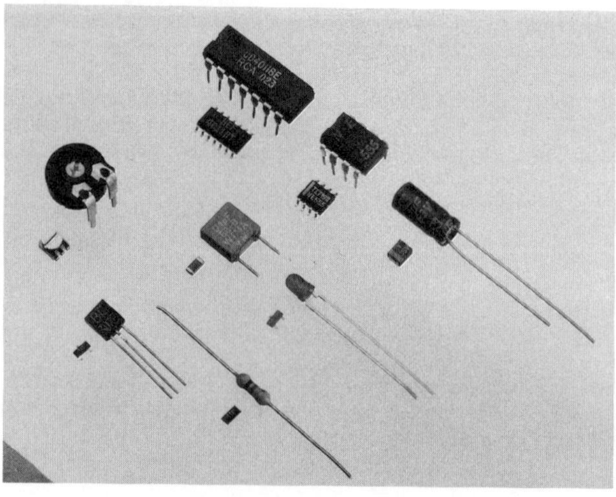

Konventionelle Bauteile im Größenvergleich zu SMD-Bauteilen

Abmessungen von SMD-Bauteilen

Bauform/Bezeichnung	Abmessung (mm)
0603	1,6 × 0,8
0805	2,0 × 1,25
1005	2,41 × 1,27
1206	3,2 × 1,6
1210	3,2 × 2,5
1505	3,8 × 1,27
1805	4,57 × 1,27
1808	4,57 × 2,0
1812	4,5 × 3,2
1825	4,7 × 6,35
2220	5,7 × 5,0
2225	5,7 × 6,35
MELF	5,5 × 2,2
MINIMELF	3,6 × 1,4
MIKROMELF	2,0 × 1,27
SOD 80	3,5 × 1,6
SOT 23	3,0 × 1,3
SOT 143	3,0 × 1,3
SOT 89	4,5 × 1,5
SOT 192	4,5 × 4,0
SO 4	3,9 × 4,0
SO 6	3,3 × 4,0
SO 8	4,9 × 4,0
SO 14	8,8 × 4,0
SO 16	10,0 × 4,0
SO 20 L	12,8 × 7,6
SO 28 L	18,0 × 7,6
VSO-40 (SOT 158)	15,5 × 7,6
PLCC 44 bedeutet z. B. 44 Anschlüsse	17,7 × 17,7 × 4,38
PLCC 68 (68 Anschlüsse)	25,3 × 25,3 × 4,6

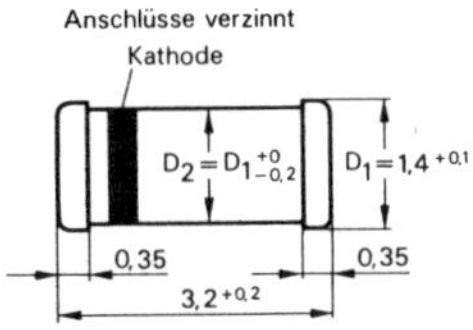

SOD 80 Gewicht ca. 0,1 g

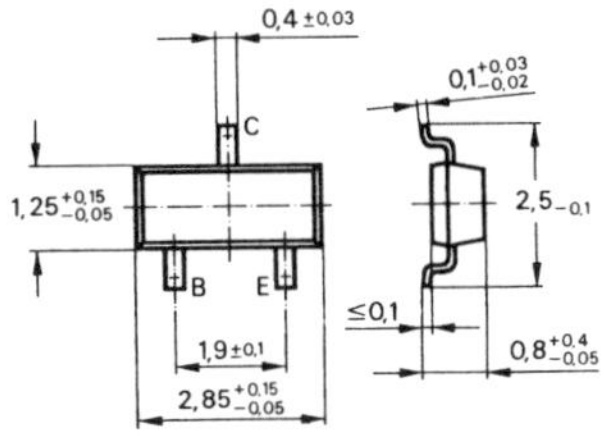

SOT 23 Gewicht ca. 0,02 g

SO 8 Originalgröße

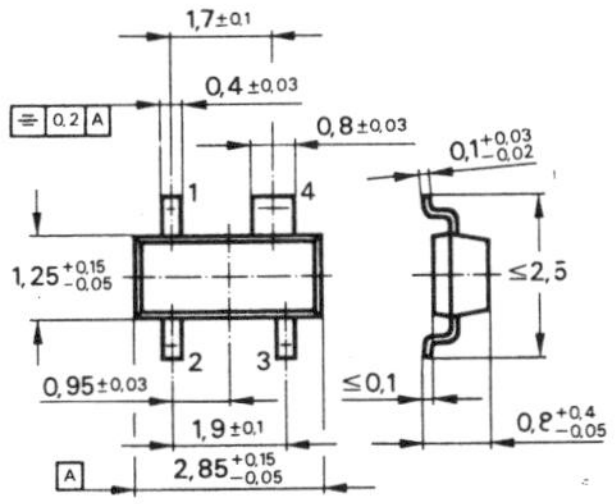

SOT 143 Gewicht ca. 0,02 g

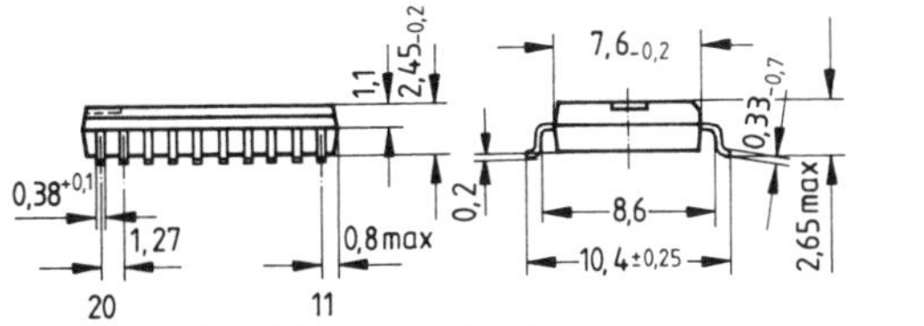

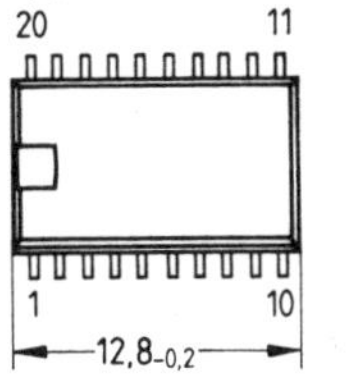

SO 20 L
Gewicht ca. 0,6 g

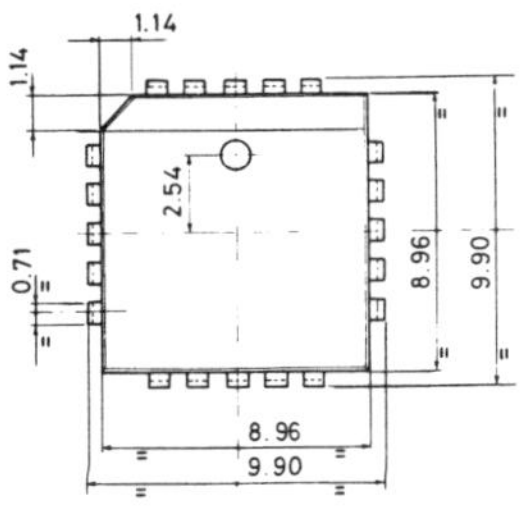

PLCC 20

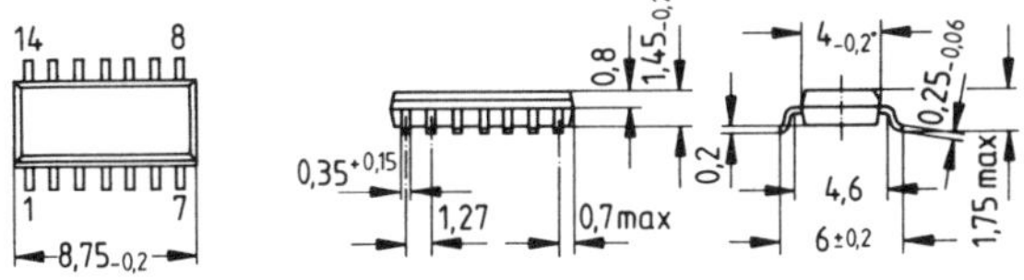

SO 14

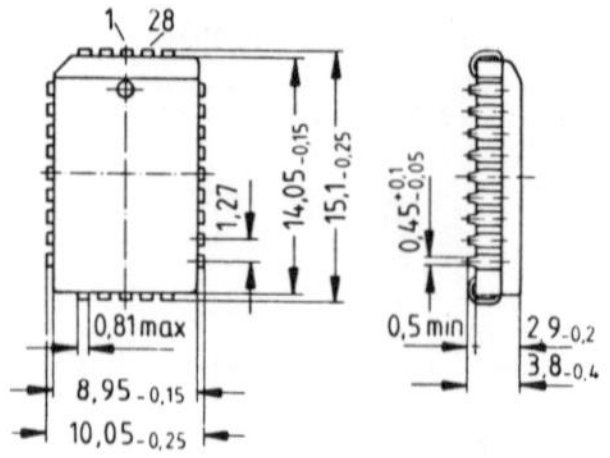

PLCC-28

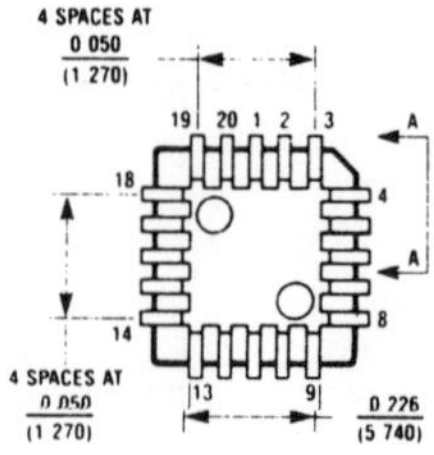

Kunststoffgehäuse PCC-20

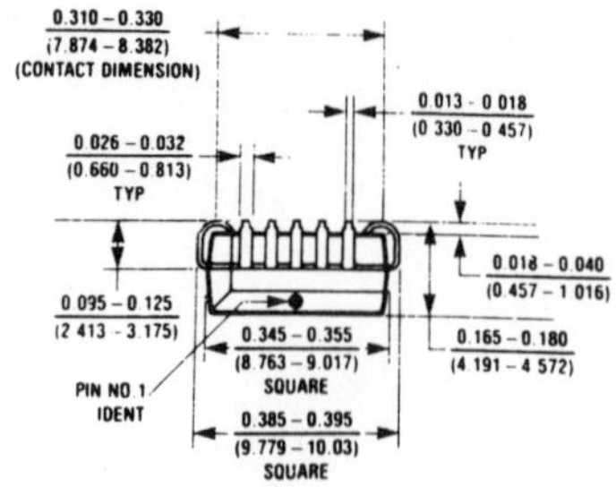

Bodenansicht/Seitenansicht

Bauformen und Kennzeichnung von SMD-Widerständen

SMD-Widerstände stehen in verschiedenen Bauformen, z. B. als Chip (quaderförmig) oder in MELF-Ausführung (zylindrisch) zur Verfügung. Null-Ohm-Widerstände werden als „Brücken" für Leiterbahnkreuzungen eingesetzt. Ihre Abmessungen entsprechen den Chipwiderständen und werden überwiegend mit dem Code-Aufdruck „000" versehen.

Die weitest verbreitete Bauform ist die Baugröße 1206 (l = 3,2 mm, B = 1,6 mm, H = 0,6 mm) sowie die Baugröße 0805 (2 mm x 1,25 mm). Die Rechteck-Chipform hat den Vorteil, daß diese mit den Chip-Kondensatoren baugleich sind und daher mit den gleichen Lay-out-Regeln gearbeitet werden kann. Der Widerstandswert erstreckt sich von 1 Ω . . . 10 MΩ sowie Brücke (Jumper) Null Ohm.

Abmessungen von Dickfilm-Chip-Widerständen

Bauform	Länge (mm)	Breite (mm)
0503	1,27	0,75
0505	1,27	1,25
0603	1,6	0,80
0705	1,27	1,91
0805	2,0	1,25
1005	2,55	1,25
1010	2,55	2,55
1206	3,2	1,6
1505	3,8	1,25
2010	5,08	2,55
2208	1,90	5,72

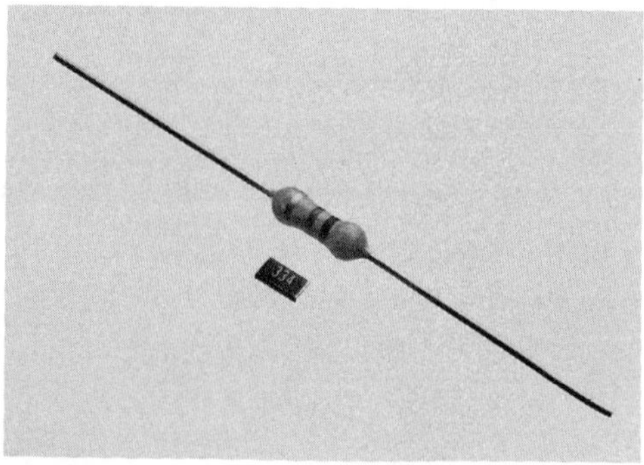

Größenvergleich konventionell/SMD (1206)

Aufbau

Widerstand-Chips werden in Dickschichttechnik auf einem Keramiksubstrat hergestellt und besitzen eine lötfähige Umkontaktierung auf der Schmalseite des Widerstandskörpers und metallisierte Lötflächen auf der Vorder- und Rückseite. Chip-Widerstände sind für Reflow-Lötung vorgesehen, eignen sich jedoch auch für Tauch- und Kolbenlötung.
Die Widerstandsbahn (Fläche) wird zum Schutz vor klimatischen Einflüssen mit einer Glasur versehen. Für die Baugröße 1206 beträgt die Belastbarkeit 0,25 W bei 70° C, für die Baugröße 0805, 0,125 W.

1/16 W, 1,0 × 0,5 mm | 1/16 W, 1,6 × 0,8 mm | 1/10 W, 2 × 1,25 mm | 1/8 W, 3,2 × 1,6 mm | 1/4 W, 3,2 × 2,5 mm | 1/2 W, 5,0 × 2,5 mm | 1 W, 6,4 × 3,2 mm

Originalgröße eines Chipwiderstandes
1,0 × 0,5 mm

Originalgröße eines Chipwiderstandes
(Bauform 1206) = 3,2 × 1,6 mm

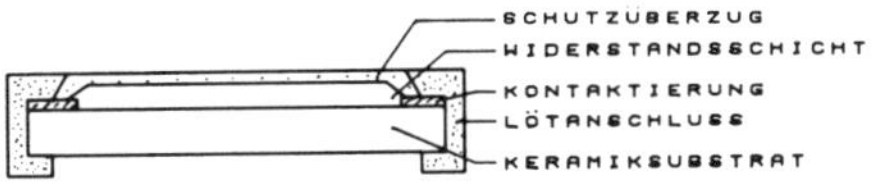

Aufbau (Seitenansicht)

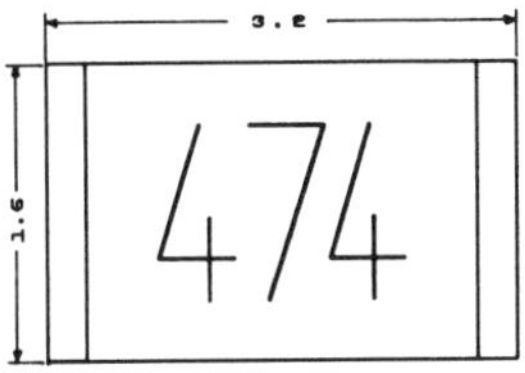

Abmessung (Bauform 1206)

Kennzeichnung der Chip-Widerstände

SMD-Widerstände (5 %, 2 %) sind nach der E 24-Reihe auf der Oberseite durch Beschriftung in codierter Form mit ihren Widerstandswert gekennzeichnet:

Widerstand	**Aufdruck**
0 Ω (Brücke)	000
1,0 Ω ... 9,1 Ω	XRX
10 Ω ... 91 Ω	XXR
ab 100 Ω ... 10 MΩ	erfolgt die Anzeige des Widerstandswertes in drei Ziffern.

XRX
1. Ziffer 2. Ziffer

Aufdruck		**Widerstandswert**
101	≙	100 Ω
471	≙	470 Ω
102	≙	1 kΩ
122	≙	1,2 kΩ
103	≙	10 kΩ
123	≙	12 kΩ
104	≙	100 kΩ
124	≙	120 kΩ
474	≙	470 kΩ

z. B. 4R7 ≙ 4,7 Ω XRX
z. B. 47R ≙ 47 Ω XXR

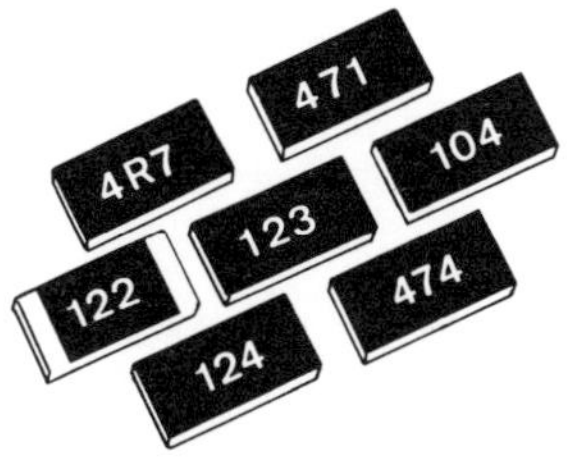

Originalgröße eines Chipwiderstandes
(Bauform 0805)

Originalgröße eines Chipwiderstandes
(Bauform 1206)

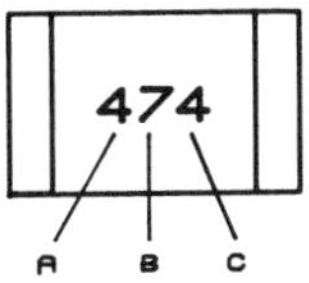

A = 1. Ziffer des Widerstandswertes
B = 2. Ziffer des Widerstandswertes
C = Zahl der Nullen (Multiplikator, Zehnerpotenz)

Empfehlung für Lötflächen

Die Dimensionierung der Lötflächen für die Bauform 1206 ist als Empfehlung für einen SMD-Entwurf gedacht und ist abhängig vom Bestückungsverfahren, der Lötmethode, ihrer Anordnung auf der Leiterplatte und der Packungsdichte und sollte deshalb empirisch ermittelt werden.

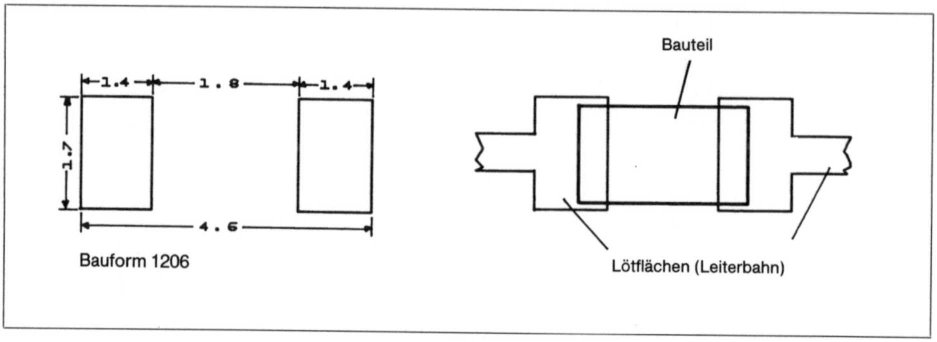

Kennzeichnung von Chipwiderständen (1 %)

1 %ige Widerstände werden 3- bzw. 4stellig codiert, Reihe E24 (E96)

Widerstand	Aufdruck
100 Ω . . . 988 Ω	XXXR
1 kΩ . . . 1 MΩ	XXXX

Die vierte Ziffer gibt die Anzahl der Nullen an (Zehnerpotenz des Multiplikators)

Aufdruck	Widerstandswert
100 R ≙	100 Ω
634 R ≙	634 Ω
909 R ≙	909 Ω
1001 ≙	1 kΩ
4701 ≙	4,7 kΩ
1002 ≙	10 kΩ
1502 ≙	15 kΩ
5493 ≙	549 kΩ
1004 ≙	1 MΩ

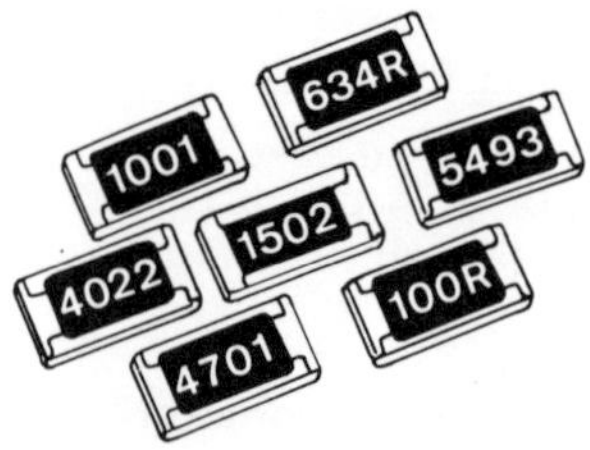

SMD-Widerstände im MELF-Gehäuse

Zu den Widerständen in der Rechteckbauform gibt es noch SMD-Widerstände im MELF- und Mini-MELF-Gehäuse.

Als MELF (Bauform 0204, L = 5,9 mm, D = 2,2 mm) und Mini-MELF (L = 3,5 mm, D = 1,5 mm) werden Widerstände bezeichnet, die aus einem zylindrischen Körper mit metallischen Kappen an den Stirnseiten bestehen.

Der Widerstandswert bei Widerständen im „MELF"-Gehäuse wird wie bei den bedrahteten Typen üblich, in 4 oder 5 Farbringen angegeben. Widerstandswerte nach IEC: E 24, E 96 und E 192 (nicht in allen Toleranzen lieferbar).

Internationale Farbcode

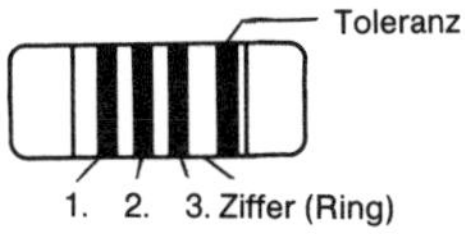

4 Farbcode

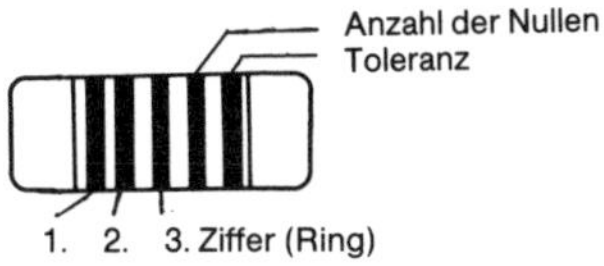

5 Farbcode

4-Farb Code 5-Farb Code	1. Ring 1. Ring	2. Ring 2.3 Ring	3. Ring 4. Ring	4. Ring 5. Ring	=	Tole- ranz
schwarz	0	0	–	violett		0,1 % * 100 Ω – 100 K
braun	1	1	0	blau		0,25 % * 47 Ω – 100 K
rot	2	2	00	grün		0,5 % * 10 Ω – 330 K
orange	3	3	000	braun		1 % * 1 Ω – 5,1 M
gelb	4	4	0000	rot		2 % * 1 Ω – 10 MΩ
grün	5	5	00000	gold		5 % * 0,22 – 10 MΩ
blau	6	6	000000			
violett	7	7				
grau	8	8				
weiß	9	9				

* kann je nach Hersteller variieren

Beispiel: orange-orange-rot = 3300 = 3,3 kΩ

Beispiel: gelb, violett-, schwarz-, orange-, braun = 470000 = 470 kΩ ± 1 %
oder rot-, violett-, gelb-, rot-, braun = 27400 = 27,4 k ± 1 %

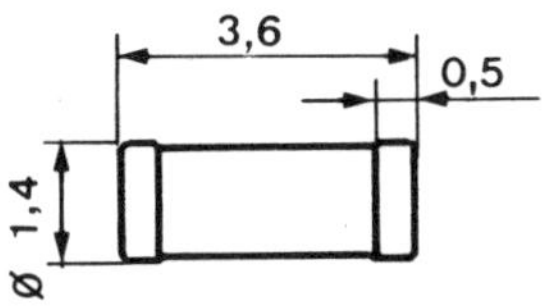

Mini-MELF Widerstand (0204)

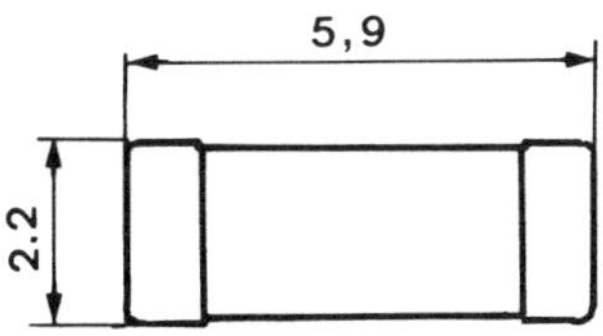

MELF-Widerstand (0207)

Originalgröße (0204)

Originalgröße (0207)

Normreihe der Widerstands-Nennwerte nach IEC

E 24	E96	E192	E 24	E 96	E192	E 24	E 96	E192	E 24	E 96	E192	E 24	E 96	E192	E 24	E 96	E192
10	100	100		147	147		215	215		316	316		464	464	68	681	681
		101			149			218			320	47		470			690
	102	102	15	150	150	22	221	221		324	324		475	475		698	698
		104			152			223	33		328			481			706
	105	105		154	154		226	226		332	332		487	487		715	715
		106			156			229			336			493			723
	107	107		158	158		232	232		340	340		499	499		732	732
		109	16		160			234			344			505			741
11	110	110		162	162		237	237		348	348	51	511	511	75	750	750
		111			164	24		240			352			517			759
	113	113		165	165		243	243		357	357		523	523		768	768
		114			167			246	36		361			530			777
	115	115		169	169		249	249		365	365		536	536		787	787
		117			172			252			370			542			796
	118	118		174	174		255	255		374	374		549	549		806	806
12		120			176			258			379			556	82		816
	121	121		178	178		261	261		383	383	56	562	562		825	825
		123	18		180			264	39		388			569			835
	124	124		182	182		267	267		392	392		576	576		845	845
		126			184	27		271			397			583			856
	127	127		187	187		274	274		402	402		590	590		866	866
		129			189			277			407			597			876
13	130	130		191	191		280	280		412	412		604	604		887	887
		132			193			284			417			612			898
	133	133		196	196		287	287		422	422	62	619	619	91	909	909
		135			198			291			427			626			920
	137	137	20	200	200		294	294	43	432	432		634	634		931	931
		138			203			298			437			642			942
	140	140		205	205	30	301	301		442	442		649	649		953	953
		142			208			305			448			657			965
	143	143		210	210		309	309		453	453		665	665		976	976
		145			213			312			459			673			988

Trimmpotis

SMD konventionell

Trimmpotis gibt es in verschiedenen mechanischen Ausführungen, die sich durch die unterschiedlich angeordneten Schleifer-Pins unterscheiden.
Der Schleifer liegt bei der 4 Pin-Version in Reihe zu den übrigen Pins. Der vierte Anschluß selbst dient jedoch nur als mechanischer Lötpunkt und hat keine elektrische Verbindung.
Bei der 3 Pin-Ausführung ist die Schleiferanordnung identisch mit den bekannten konventionellen Typen.
Anders wie bei den konventionellen Typen, gibt es keine zigverschiedenen mechanischen Größen sowie liegende und stehende Ausführungen.
Die Belastbarkeit dieser SMD-Trimmpotis liegt in der Regel bei etwa 0,2 W, der Drehbereich umfaßt 270°. Die Widerstandswerte reichen von 100 R bis 1 M.
Um Lötbrücken zu vermeiden, muß hier – bedingt durch die kleinen Abstände der Lötpins – sowie der schwer erreichbaren Lötpins mit größter Sorgfalt gelötet werden.

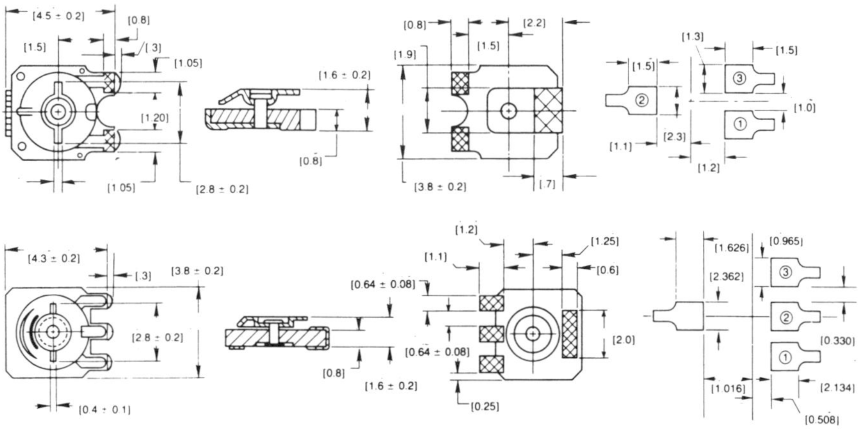

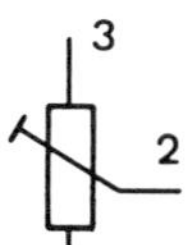

Schaltbild

Keramik-Chip-Kondensatoren

Keramik-Vielschicht-Chip-Kondensatoren gibt es in einem sehr breiten Wertbereich (0,47 pF bis 1 µF). Diese Werte decken in der Regel 6 Baugrößen ab, wobei die Bauhöhe kapazitätsabhängig ist. Der mengenmäßig größte Anwendungsbereich wird durch die Werte 0,47 pF bis 0,1 µF abgedeckt und in der gängigsten und preisgünstigsten Bauform (0805 und 1206) geliefert.

Größenvergleich SMD/konventionell

Ein kleiner Nachteil für den Anwender:
Diese Bauteile sind bislang weder im Wert noch im Code bedruckt. Einmal vertauscht, hilft nur noch ein Kapazitäts-Meßgerät. Für die Industrie stellt sich diese Problematik nicht, da diese Bauteile überwiegend von der „Rolle" verarbeitet werden. Schwierig tut sich der Hobby-Anwender im Reparaturfall, wenn keine ausreichenden Schaltunterlagen zur Verfügung stehen (Entziffern Sie mal ein unbeschriftetes Bauteil!). Bei Transistoren geht das etwas leichter, hier kann man den Code in Datenbüchern aufschlüsseln.
Dazu ein abschließender Hinweis: Wenn Sie mit SMD-„Winzlingen" arbeiten – achten Sie unbedingt darauf, daß unbeschriftete Bauteile nicht verwechselt werden.

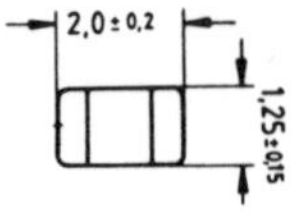

Baugröße 0805

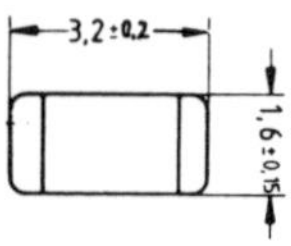

Baugröße 1206

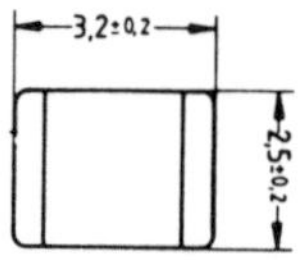

Baugröße 1210

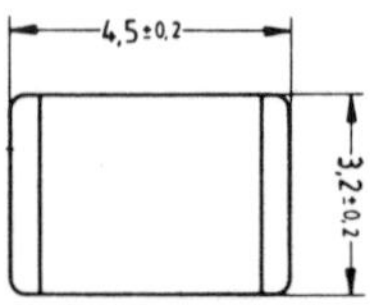

Baugröße 1812

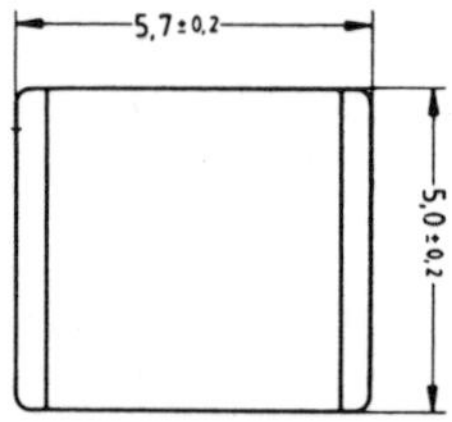

Baugröße 2220

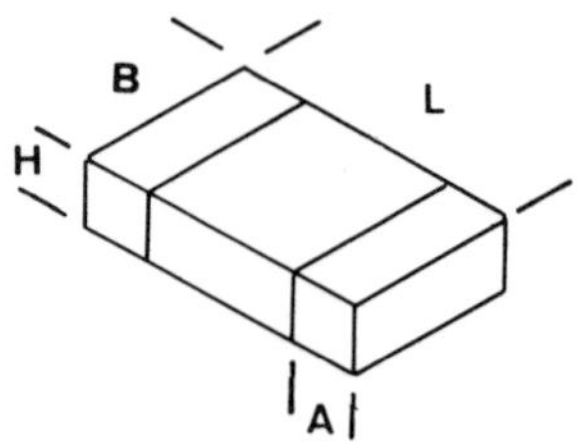

Verschiedene Baugrößen

Baugröße	L (mm)	B (mm)	H (mm)	A (mm)
0508	2,0	1,25	0,51 . . . 1,27	0,25 . . . 0,75
0603	1,6	0,8	0,80	
1206	3,2	1,6	0,51 . . . 1,6	0,25 . . . 0,75
1210	3,2	2,5	0,51 . . . 1,9	0,30 . . . 1,0
1808	4,5	2,0	0,51 . . . 1,9	0,30 . . . 1,0
1812	4,5	3,5	0,51 . . . 1,9	0,30 . . . 1,0
2220	5,7	5,0	0,51 . . . 1,9	0,30 . . . 1,0

Kennzeichnung von SMD-Tantal-Elkos

Tantal-Elkos gibt es in verschiedenen Bauformen, teilweise auch ohne Wertangabe (Aufdruck) bzw. mit Code-Aufdruck.
Bei kleinen Kapazitäten (Baugrößen) wird überwiegend die Kapazität in pF angegeben.
Bei großen Kapazitäten (Baugrößen) erfolgt die Angabe der Kapazität in µF.

So z. B. hat ein SMD-Elko mit dem Aufdruck „224" = 220 000 pF = 220 nF = 0,22 µF.

Die 1. Stelle gibt die 1. Ziffer des Kapazitätswertes an,
Die 2. Stelle gibt die 2. Ziffer des Kapazitätswertes an,
Die 3. Stelle gibt die Zahl der Nullen an.

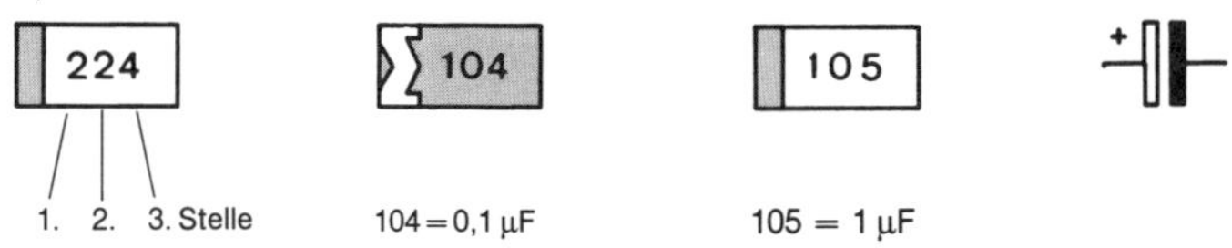

Die Polaritäts-Kennzeichnung erfolgt durch einen weißen Strich oder durch ein weißes „M".

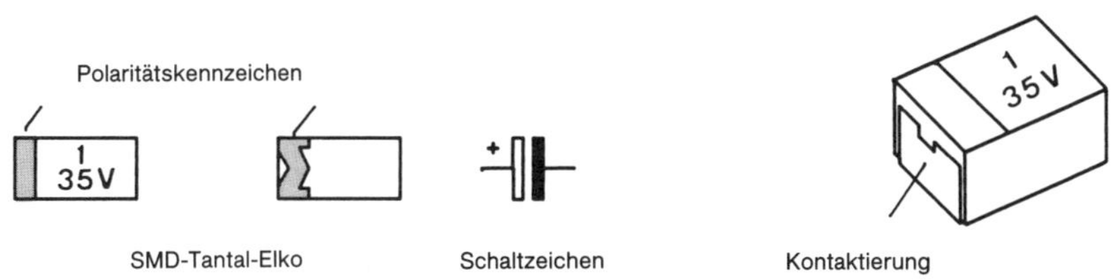

Der Kapazitätsbereich der Rechteck-Bauform erstreckt sich von 0,1 µF . . . 68 µF. Die Baugröße beträgt je nach Kapazitätswert und Spannungsfestigkeit:
3,2 x 1,8 mm, 3,5 x 2,8 mm, 6,0 x 3,2 mm, 7,3 x 4,3 mm

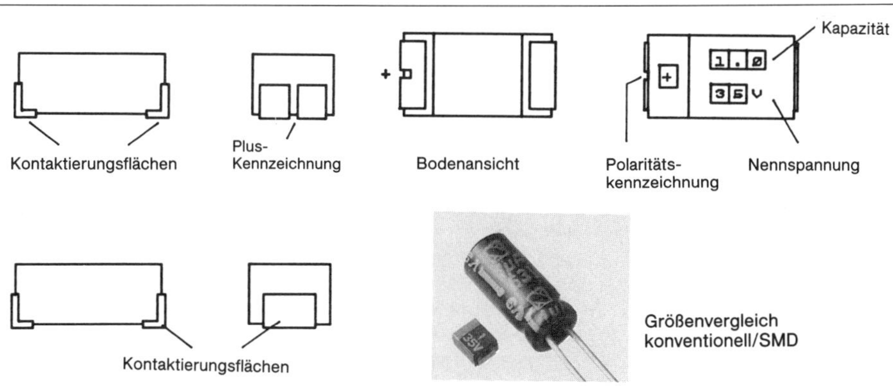

Stempelung

Nennspannungscode

Volt	4	6,3	10	16	20	25	35
Code	G	J	A	C	D	E	V

Beispiel:
1,0 µF-16 ... CA^6
0,22 µF-35 ... VJ^6
2,2 µF- 6,3 ... JJ^6

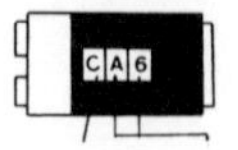

Kapazitätscode

Kapazität pF	1	1,5	2,2	3,3	4,7	6,8
Code	A	E	J	N	S	W
	10^5	10^6				
Multiplikator	6					

Beispiel:
A6: $1{,}0 \times 10^6$ pF (1,0 µF)
J5: $2{,}2 \times 10^5$ pF (0,22 µF)
J6: $2{,}2 \times 10^6$ pF (2,2 µF)

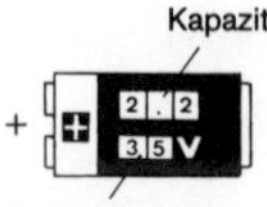

Kapazität

µF	Code	µF	Code	µF	Code
0,1	104	1,5	155	15,0	156
0,15	154	2,2	225	22,0	226
0,22	224	3,3	335	33,0	336
0,33	334	4,7	475	47,0	476
0,47	474	6,8	685	68,0	686
0,68	684	10,0	106	100,0	107
1,0	105				

Lötflächen (Kontaktierungsflächen)

Bei dieser Version eines Tantal Elkos ist die Polarität (+) durch ein spitz auslaufendes Ende gekennzeichnet.

Polaritätskennzeichnung von Al-Elkos

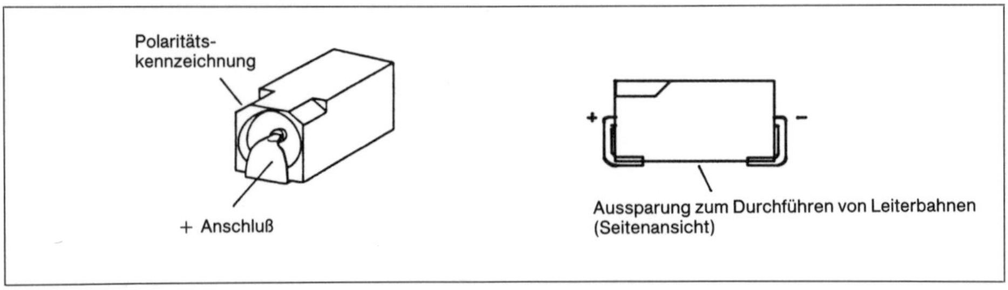

Aluminium-Elko im zylindrischen Metallbecher mit Gummistopfendichtung, umhüllt mit rechteckigen Kunststoffgehäuse.

Dioden und Transistoren

In den letzen Jahren sind Surface Mounted-Transistoren und -Dioden unter dem Begriff „Miniatur-Bauelemente" bekannt geworden.
In den früheren 60er Jahren wurden die Gehäuse SOT-23, Mitte der 70er Jahre die Gehäuse SOT-89 und schließlich zu Beginn der 80er Jahre die Gehäuse SOT-143 eingeführt.
Inzwischen werden fast alle Standard-Bauelemente der konventionellen Serie auch für die Oberflächenmontage angeboten. Generell sind die elektrischen Eigenschaften von SMD-Transistoren und Dioden die gleichen wie die vergleichbaren Typen in den konventionellen Gehäusen.

SOT-23 und SOT-143 Bauelemente können bis zu einer Gesamtverlustleistung von 200 bis 400 mW verwendet werden. Bauelemente im Gehäuse SOT-89 sind von 500 mW bis 1 W ausgelegt.

Alle SMD-Transistoren sind typcodiert und gestempelt. Bei den Gehäusen SOT-23, SOT-89 und SOT-143 besteht die Kombination aus Zahlen/Buchstaben-Kombinationen.

Nachfolgende Tabelle zeigt einige Beispiele zur Stempelcodierung.

Bauelement	Stempelcodierung	Gehäuse
1J	BC848A	SOT-23
4G	BC860C	SOT-23
1F *	MMBT5550	SOT-23
1F *	BC847B	SOT-23
AA *	BCW60A	SOT-23
AA *	BCX51	SOT-89

Originalgröße (SOT-23)

*** Hinweis**

SMD-Bauteile mit gleicher Code-Stempelung müssen nicht unbedingt identisch sein. Haben SMD-Bauteile bei gleichem Stempelcode eine unterschiedliche Bauform, so sind auch hier die technischen Daten nicht unbedingt gleich.

Eine umfangreiche tabellarische Auflistung finden Sie an einer anderen Stelle in diesem Buch.

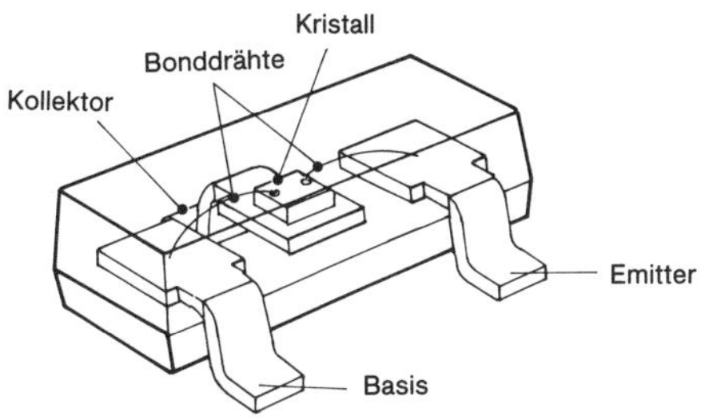

Gehäuse SOT 23

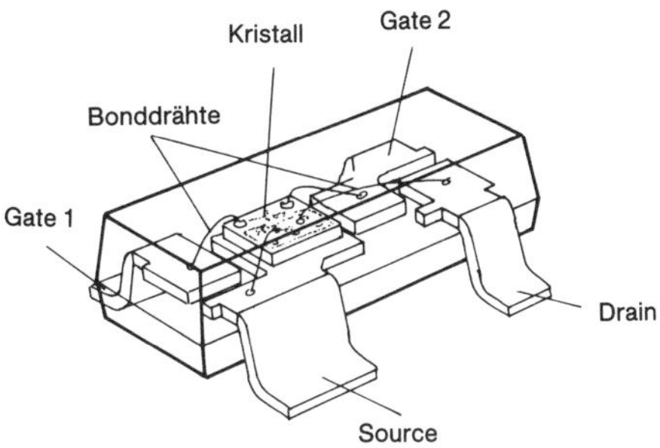

Gehäuse SOT-143

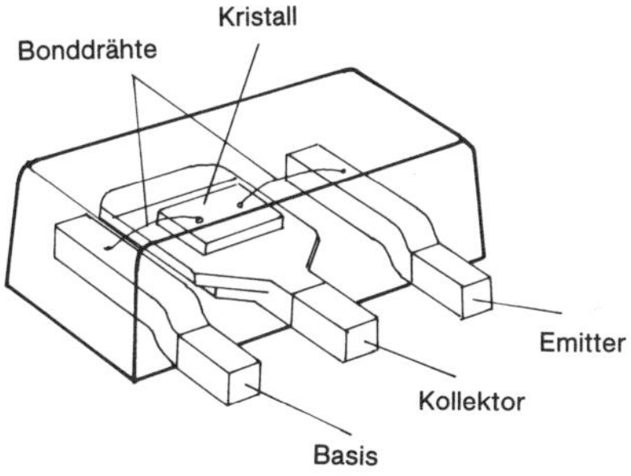

Gehäuse SOT-89

Größenvergleich SMD/konventionell

Integrierte Schaltungen

Bereits Anfang der 70er Jahre wurden integrierte Schaltungen für die Oberflächenmontage für die Hybridtechnik entwickelt. Heute werden viele Neuentwicklungen von integrierten Schaltkreisen fast nur noch in dieser Technik hergestellt.

Bei integrierten Schaltungen im SMD-Gehäuse sind die elektrischen Eigenschaften generell die gleichen wie die vergleichbaren Typen im DIL-Kunststoff-Gehäuse. Die Typenbezeichnungen sind daher auch identisch mit denen der entsprechenden Schaltung im DIL-Gehäuse. Es ändert sich lediglich je nach Hersteller die Nachbezeichnung bei SO-Gehäusen (Small-Outline) z. B. LM 324 N = LM 324 D.
Bei SO-Gehäusen kommen zwei unterschiedliche Anschlußformen zum Einsatz: nach außen gebogene Anschlüsse und nach innen gebogene Anschlüsse.

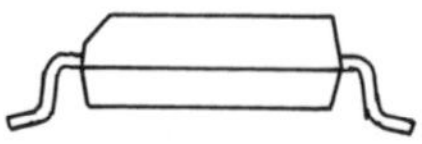

Anschlüsse nach außen gebogen

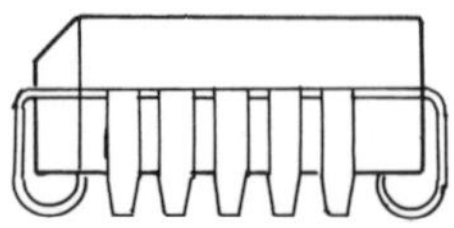

Anschlüsse nach innen gebogen

Die unterschiedlichen Gehäuse-Typen ergeben sich durch die Anschlußform- und belegung.
Das **SO**-Gehäuse (**S**mall **O**utline) hat sich überwiegend bei integrierten Schaltungen mit 8 bis 28 Anschlüssen durchgesetzt. Bei allen SO-Gehäusen beträgt das Rastermaß der Anschlüsse einheitlich 1,27 mm. Die Gehäusebreiten betragen bei 8, 14 und 16 Anschlüssen 4 mm, sowie 7,6 mm für Gehäuse mit 8, 16, 20, 24 und 28 Anschlüssen.

Für höhere Anschlußzahlen stehen noch kompaktere Gehäuse (VSO, **V**ery **S**mall **O**utline) mit einem Rastermaß von 0,76 mm bzw. 0,75 mm zur Verfügung (Hersteller-Unterlagen beachten).

Die Kennzeichnung von Anschluß 1 erfolgt bei SO-Gehäusen durch eine abgeschrägte Kante oder durch einen weißen Strich auf der Stirnseite.

SO-8

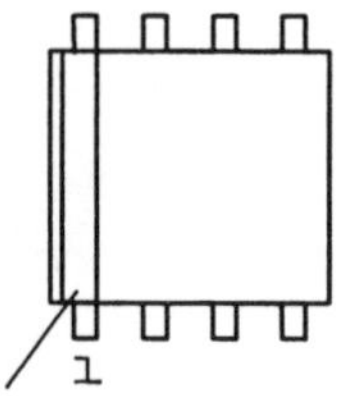

weißer Strich

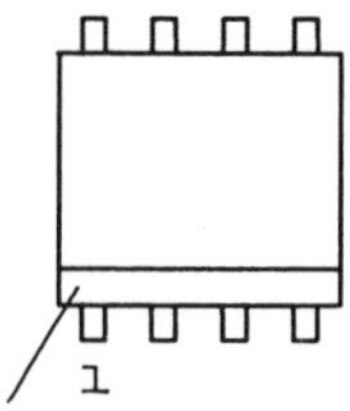

abgeschrägte Kante

Größenvergleich konventionell/SMD

Originalgröße

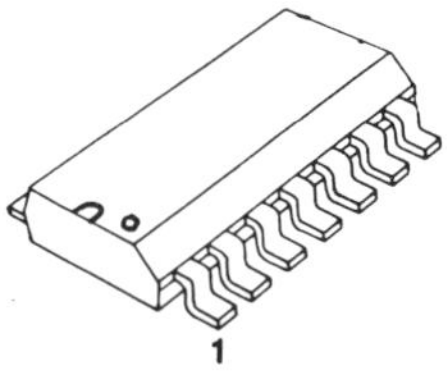

Bei VSO-Gehäusen wird die Seite von Anschluß 1 durch eine Aussparung markiert.

Größenvergleich konventionell/SMD

Ein Vorteil der SO- und VSO-Gehäuse liegt darin, daß die Anschlüsse nur an zwei Seiten herausgeführt sind und sich somit die Leiterbahnen unter dem IC anordnen lassen, was bei **PLCC**-Gehäusen (**P**lastik **L**eaded **C**hip **C**arrier) schwierig ist.

PLCC-Gehäuse

Für integrierte Schaltungen mit höheren Anschlußzahlen gibt es schon seit längerem sogenannte **PLCC**-Gehäuse (**P**lastic **L**eaded **C**hip **C**arrier). Die Anschlüsse sind hier auf allen vier Seiten herausgeführt und unter das Gehäuse gebogen.

Markierung für Anschluß 1

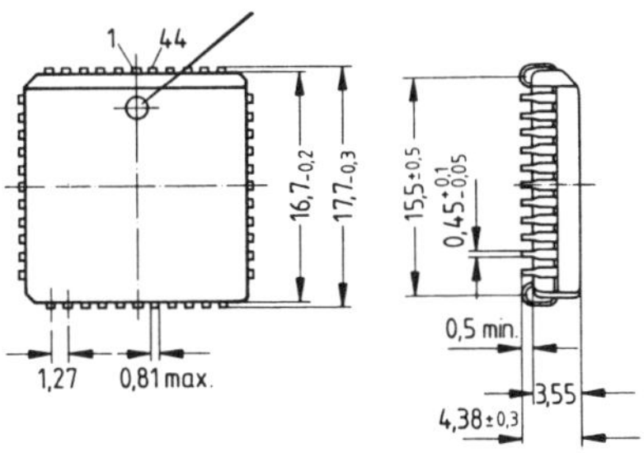

Gehäuse PLCC-44

Anschluß 1 wird jeweils über eine abgeschrägte Bezugsecke sowie über eine abgeschrägte Kante gekennzeichnet.

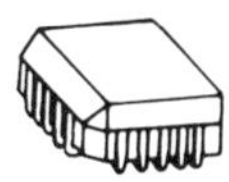

Der Vorteil der Gehäuse (Form der Anschlüsse) liegt darin, daß diese relativ unempfindlich gegenüber mechanischer Beanspruchung sind. Ungünstig sind jedoch das relativ hohe Gehäuse sowie die Lage der Lötstellen unter dem Gehäuse. Weiterhin wird durch die Anordnung der Anschlüsse das Löten sowie die Sichtkontrolle der Anschlüsse erschwert.

Das Rastermaß der PLCC-Gehäuse beträgt einheitlich 1,27 mm. Die Bezeichnung PLCC-20 sagt aus, daß das Gehäuse z. B. 20 Anschlüsse besitzt. Die Bauhöhe einschließlich Anschlüsse beträgt einheitlich ca. 4,57 mm.

Quad-Flad-Pack-Gehäuse

Eine weitere Reihe der IC-Gehäuse mit einer Großzahl der Anschlüsse ist das sogenannte **Q**uad-**F**lat-**P**ack-**G**ehäuse (**QFP**). Im Gegensatz zum PLCC-Gehäuse sind hier die Anschlüsse nach außen gebogen.
Durch die kleinen Rastermaße (0,65 mm, 0,75 mm, 0,85 mm und 1 mm) ergeben sich sehr kompakte Gehäuse mit hoher Anschlußzahl von z. B. bis über 100 Anschlüsse.

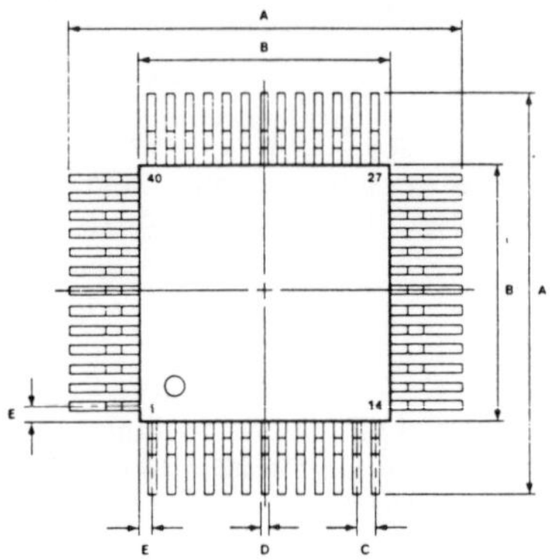

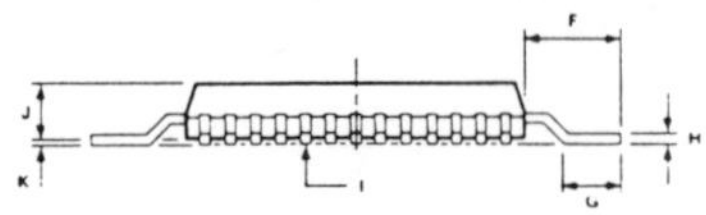

A = 21,0 mm
B = 14,0 mm
C = 1,0 mm
D = 0,4 mm
E = 3,5 mm
G = 2,2 mm
H = 0,15 mm
I = 0,15 mm
J = 2,6 mm
K = 0,1 mm

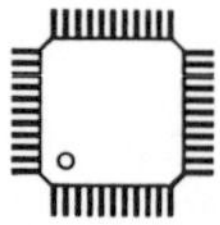

Originalgröße eines „QFP 48“

Abmessungen von SO-, VSO-, PLCC- und QFB-Gehäusen

Gehäuse	Anschlüsse	Breite Plastik-Gehäuse mm	Länge Plastik-Gehäuse mm	Rastermaß
SO-8	8	4,0	5,0	1,27
SO-8L	8	7,6	7,6	1,27
SO-14	14	4,0	8,75	1,27
SO-16	16	4,0	10,0	1,27
SO-16L	16	7,6	10,5	1,27
SO-20L	20	7,6	13,0	1,27
SO-24L	24	7,6	15,6	1,27
SO-28L	28	7,6	18,1	1,27
VSO-40	40	7,6	15,5	0,76
VSO-56	56	11,1	21,6	0,75
PLCC-20	20	9,04	9,04	1,27
PLCC-28	28	11,58	11,58	1,27
PLCC-44	44	16,66	16,66	1,27
PLCC-52	52	19,2	19,2	1,27
PLCC-66	66	24,33	24,33	1,27
PLCC-84	84	29,41	29,41	1,27
QFB 44	44	14	14	1,0
QFB 48	48	10	10	0,75

„L“-Gehäuse sind um ca. 3,5 mm breiter als normale SO-Gehäuse

Die Abmessungen der Plastikgehäuse kann je nach Hersteller variieren, was jedoch auf die Rastermaße und auf die Anschlußbreite der Anschlüsse keinen Einfluß hat.

SMD-Leuchtdioden

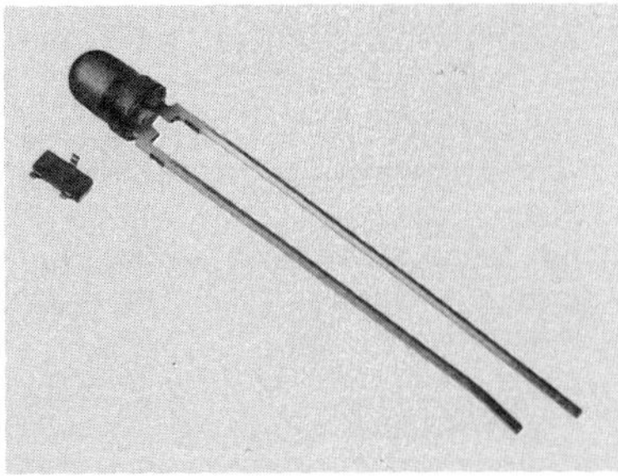

Miniatur-LEDs im SOT 23-Gehäuse (SMD)

Mit zunehmender Miniaturisierung der Baugruppen und Bauteile kommen auch immer mehr SMD-LEDs zum Einsatz. Nachfolgend werden technische Daten und Schaltungen dieser Miniaturbauteile vorgestellt. Anwendung: Anzeige und Beleuchtungszweck in SMD-Technik.

Typ	Lichtstärke mcd (I_F 10 mA)	Farbe	Abbildung
CQV 231 = LS S 250-DO	≧ 0,4	super-rot	1
CQV 232 = LY S 250-DO	≧ 0,4	gelb	1
CQV 233 = LG S 250-DO	≧ 0,4	grün	1 Originalgröße
CQV 234 = LU S 250-DO	≧ 0,4	rot/grün (Duo-LED)	2
TLMR 2200 = LS S 260	0,63	rot	1
TLMY 2200 = LY S 260	0,63	gelb	1
TLMG 2200 = LG S 260	0,63	grün	1
TLMV 2100 = LU S 250	0,63	rot/grün (Duo-LED)	2 (Gehäuse klar)

Technische Daten (Absolute Grenzdaten):

Sperrspannung: $U_R = 6\,V$
Durchlaßstrom: $I_F = 23\,mA$ (typ. 10 mA)
Verlustleistung: $P_V = 70\,mW$
Löttemperatur: t ≦ 5 s 240 °C

Typ. Werte
Lichtstärke: 0,63 mcd, I_F 10 mA
Wellenlänge: rot 612 . . . 625 nm (635)
Wellenlänge: grün 562 . . . 575 nm (565)
Wellenlänge: gelb 581 . . . 594 nm (585)

Abstrahlwinkel: ± φ 70 °
Durchlaßspannung: rot 2,0 V
Durchlaßspannung: grün 2,4 V
Durchlaßspannung: gelb 2,4 V

①

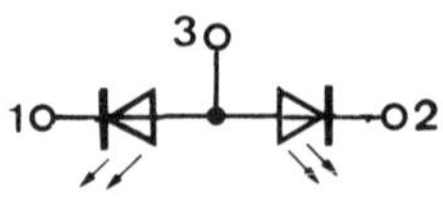

②

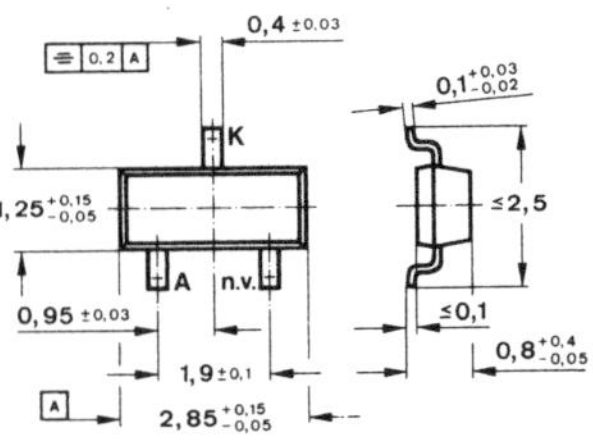

Abb. 1

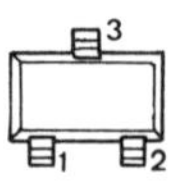

Abb. 2

SMD-Leuchtdioden

Gehäuse SOT 23. Abmessungen 2,8 × 1,2 × 1,0 mm.

Bestückungsmethoden

Beim manuellen Bestückungsvorgang werden die SMD-Bauteile mit einem Vakuum-Greifer (Saug-Pipette) aufgenommen und auf der Leiterplatte (Lötpaste oder Kleber) plaziert. Das einfachste Hilfsmittel hierfür – vor allem in der Hobbyelektronik – ist die Pinzette. Sie ist für fast alle Bauteile verwendbar. Noch komfortabler geht das Bestücken mit einer Vakuum-Pinzette. Mit geführten Vakuumpipetten arbeiten die sogenannten SMD-Manipulatoren. Die SMD-Bauteile werden mittels Vakuumpipette lagerichtig auf die Leiterplatte plaziert.
Zur Handbestückung und Lötung von SMD-Bauelementen gibt es bereits eine Vielzahl von Spezialwerkzeugen. Eine Handbestückung und Lötung ohne zwangsgeführte Bestückungseinrichtung ist auf Kleinststückzahlen, Labormuster, Reparatur- und auf den Servicebereich beschränkt. Besonders erschwerend wirkt sich bei der Handbestückung die Winzigkeit der Bauelemente aus.
Mit ein bißchen handwerklichem Geschick bzw. für den Einstieg kann man sich so eine Vakuumpipette selber bauen. Als brauchbar erwiesen hat sich z. B. die Spitze eines 0,7 oder 1 mm Ø-Tuscheschreibers, der über einen leichten Silikonschlauch an eine Vakuumpumpe angeschlossen wird. In die Griffhülse bohren Sie ein Loch von etwa 1 mm Ø, die Saugwirkung für die Aufnahme der Bauelemente wird über diese Bohrung mit dem Zeigefinger gesteuert.

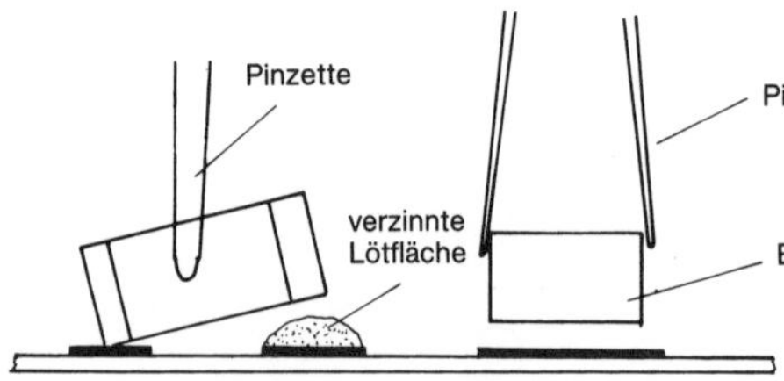

Plazieren mit einer Pinzette

Die Saugpipette dient zum Aufnehmen, Transportieren und Positionieren der SMD-Bauteile. Das erforderliche Vakuum wird über eine geregelte Pumpe erzeugt. Die Vakuumnadel kann je nach Bauteil-Größe mit oder ohne Pipettengummi verwendet werden (Weller).

Vakuumpumpe

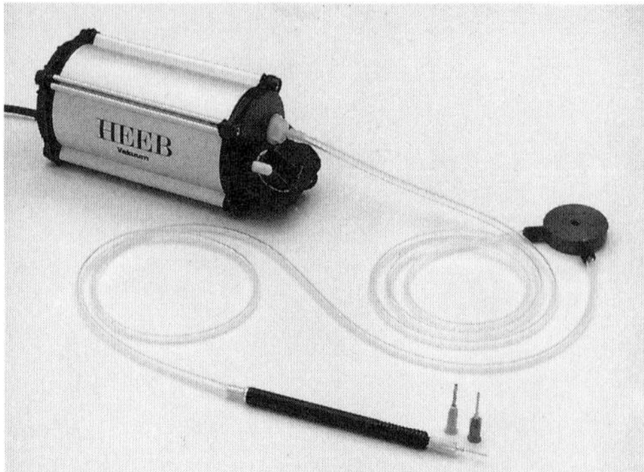

Lochschalter

Vakuumgreifer Saugkanüle

Vakuumpumpe mit verschiedenen auswechselbaren Saugspitzen und einstellbarer Saugleistung (Heeb).

Bestückungsmanipulatoren

Eine wesentliche Erleichterung bei der Handbestückung bieten sogenannte leichtgängige Hand-Manipulatoren, bei denen die Saugpipette in drei Achsen linear geführt wird. Über einen Knopf ist die Pipette zusätzlich um 360° drehbar.
Diese Geräte weisen sich als handliche Geräte für Labor, Kleinserien sowie zur Nachbestückung als Ergänzung zu Automaten aus.
Diese sind meist ausbaufähige Geräte, welche von reinem Bestückungs- bis zum kompletten SMD-Reparaturplatz eingesetzt werden können. Das Ein- und Ausschalten des Vakuums erfolgt automatisch.
Dieser Bestückungsmanipulator dient zur Fertigung von SMD-bestückten Leiterplatten. Kernstück in diesem Pick-and-Place-System ist die ultraleichte bewegliche Positionierhilfe, die schnelles und dennoch präzises und ermüdungsfreies Bestücken erlaubt.
„P" wie „Pick": Durch Berühren der Bauteile mit der um 360 ° drehbaren Vakuum-Pipette wird über Mikroschalter das Vakuum erzeugt.
„P" wie „Place": Mit der ultraleichten Positionierhilfe wird jetzt das Bauteil präzise positioniert.

(Weller)

So präzise wie das Positionieren, so präzise ist auch das nachtropffreie Dosieren von Lötpaste oder Kleber.
Wie bei der Vakuum-Pipette, so wird auch der Dosierimpuls für den Lötpaste- oder Kleberdispenser über Mikrokontakt ausgelöst. Die Lötdauer wird mit integriertem Timer vorgegeben.
Bei Funktionen wie „Vakuum" und „Dosieren" können alternativ auch über einen Fußschalter gesteuert werden.
Der manuell drehbare Teller hat Platz für 45 Bauteile-Container; sie sind antistatisch und mit einer transparenten Schutzpaste abgedeckt. 10 weitere Gurtabroller oder IC-Dispenser können an einem zusätzlichen Halter aufgereiht werden.
Die Grundplatte ist antistatisch beschichtet; in den Montagerahmen passen Leiterplatten bis zu einer Größe von 250 x 340 mm (Weller).

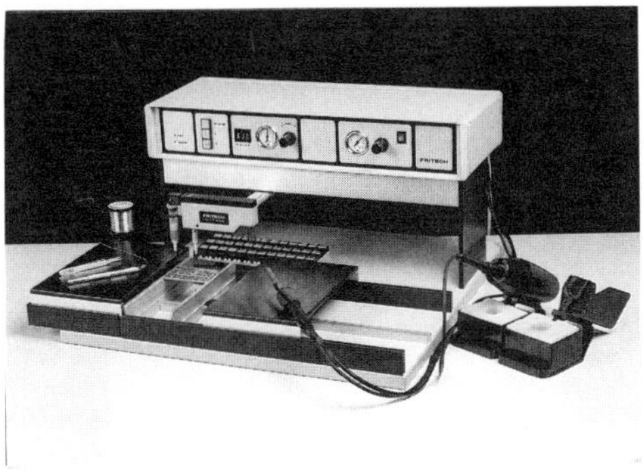

Recht komfortabel ist dieser SMT-Arbeitsplatz für das Fertigen von Kleinserien sowie für Reparaturzwecke (Fritsch).

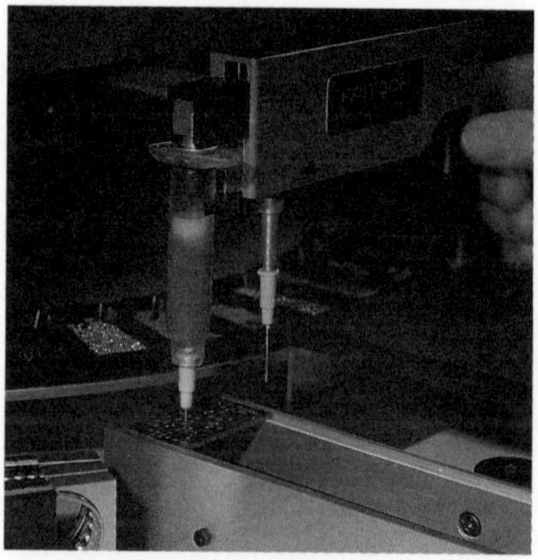

Auftragen von Lötpaste oder Kleber

Zum Auftragen wird der Kartuschenmechanismus abgesenkt. Damit ist die Kartusche dosierbereit. Die Berührung der Kanüle mit der Leiterplatte löst den Dosierimpuls automatisch aus. Die zu dosierende Menge ist mittels digitaler Zeitvorgabe, einstellbarem Druck und Kanülendurchmesser bestimmbar.

Bestücken

Aus den diversen Bauteilebehältern, aus Gurten oder Stangenmagazinen werden die SMDs entnommen. Dies erfolgt mittels der Vakuum-Pipette. Beim Berühren der Bauteile schaltet das Vakuum automatisch ein. Beim Absetzen der Bauteile auf der Leiterplatte schaltet das Vakuum wieder aus.

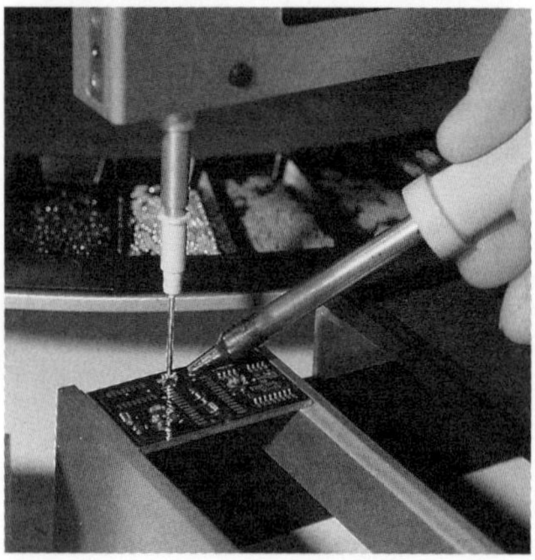

Löten

Zum Löten mittels eines Heißluft-Lötgerätes hat der Bestückkopf eine stabile Haltestellung in der unteren Lage des Bestückvorganges. Dabei hält das Vakuum und der Druck der Pipette das Bauteil (SMD) auf der Leiterplatte während des Lötens fest.

Löten von SMD-Bauteilen

Die SMD-Technik hat ihre Ursprünge in der industriellen Fertigung. Fest steht, die automatische Bestückung geht problemloser vonstatten als bei herkömmlichen Bauelementen. Weil SMD-Bauteile keine Anschlußdrähte im üblichen Sinn haben, entfällt das Abschneiden überstehender Drahtenden. Dies bedeutet, daß die Leiterbahnseite der Platine zugleich Löt- und Bestückungsseite der Bauelemente ist. SMDs werden also im Gegensatz zu bedrahteten Bauelementen, deren Anschlußdrähte durch die Bohrlöcher gesteckt werden, plan auf der Leiterplatte fixiert und anschließend gelötet.
So schwierig, wie es auf den ersten Blick aussieht, ist die Verarbeitung von SMDs in der Hobbyelektronik jedoch nicht. Vor allen Dingen muß man im Nahbereich gut sehen können, eine ruhige Hand haben und ein Minimum an Spezialwerkzeug besitzen, – wobei dieses „Spezialwerkzeug" eigentlich so „spezial" gar nicht ist. Zwei Dinge sind es, die unabdingbar sind: ein Lötkolben (Lötstation, möglichst temperaturgeregelt) mit einer dünnen, zunderfreien Spitze – wie sie auch beim Löten von konventionellen Schaltungen eingesetzt wird – dazu eine Pinzette und eventuell noch eine Lupe. Anstelle der gewohnten Spitze kommt eine Bleistiftspitze (0,8 mm) zum Einsatz. Ungeeignet sind Lötkolben mit zu kleiner Leistung (< 15 W), da deren Wärmekapazität nicht ausreicht, um in der Nähe der Masseflächen sauber löten zu können (Bauteile sollen nicht „gebraten" bzw. lange aufgeheizt, sondern zügig gelötet werden). Sehr empfehlenswert bzw. unbedingt erforderlich ist dünnes Lötzinn mit einem Durchmesser von 0,5 mm. Ein Lot vom Typ LSn60PbCu2 stellt sicher, daß eine der SMD-Technik angemessene physikalische Zusammensetzung verwendet wird. Diese Bezeichnung sagt aus, daß im Lot 60 % Zinn, 38 % Blei und 2 % Kupfer enthalten sind. Nach DIN 8516 wird ein solches Lot auch als F-SW 26 im Handel angeboten.
Es versteht sich von selbst, daß kein säurehaltiges Lötzinn, Lötpaste, Lötwasser – oder Salben und andere säurehaltigen Löthilfsmittel verwendet werden dürfen.

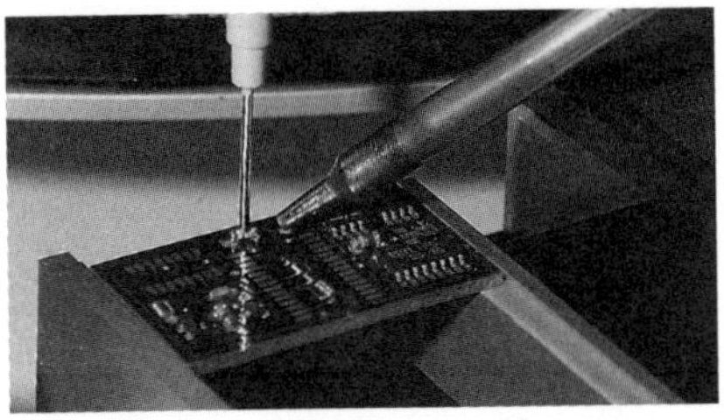

Löten mit dem Lötkolben, als Lot dient SMD-Lötpaste oder Lötdraht mit 0,5 mm ∅.

In der Industrie werden die SMDs vor dem Lötvorgang (mit der Lötwelle) durch Klebstoff auf der Platine fixiert. Beim IR-Löten (Reflow-Löten) wird zunächst mit einem Dispenser bzw. im Siebdruck/Schablonendruck Lötpaste aufgebracht, welche die Bauteile beim Bestücken festhält.

Ganz anders ist das Vorgehen im Bereich der Hobby-Elektronik. Vor dem Löten der SMDs sind daher einige Vorüberlegungen nötig: SMD-Bauteile haben keine Anschlußdrähte, können also nicht durch die Löcher gesteckt werden und haben somit keine Fixierung. Erforderlich wäre praktisch eine „dritte Hand", um gleichzeitig Lötkolben, Zinn und Pinzette halten zu können.
Ein weiteres Problem besteht darin, daß sich die kleine und leichte Platine dazu leicht verschiebt. Hier hilft ein doppelseitiges Klebeband, das man mit der einen Klebeseite auf den Arbeitstisch fixiert, auf die andere Seite legt man die Platine. Diese ist so sicher gegen Verrutschen gesichert. Gut bewährt hat sich auch eine kleine Silikon-Gummimatte (oder kleines flaches Holzbrett) wie sie oft zum Abstellen von Bügeleisen verwandt wird. Die Vorgehensweise mit dem Klebeband ist dieselbe, mit dem Vorteil, daß man die Platine in die günstigste Arbeitsposition drehen kann, ohne sich beim Bestücken und Löten die Arme zu verrenken.

Als nächsten Schritt sortiert man die SMD-Bauteile der Reihenfolge nach auf einen sauberen, freien Arbeitsplatz (ein weißes Blatt Papier ist dabei hilfreich), da die „Winzlinge" sehr leicht verloren gehen. Bevor nun das Bauteil plaziert wird, muß ein Löt-Pad (Lötpunkt) der Platine verzinnt werden. Meistens gelingt es schon im ersten Versuch das Bauteil richtig zu positionieren und zu verlöten. Dazu ist allerdings eine Pinzette unerläßlich. Das Bauteil wird nun unter leichtem Druck mit der Pinzette auf das vorverzinnte Lötauge aufgesetzt. Gleichzeitig wird das Bauelement und der verzinnte Lötpunkt mit dem Lötkolben erhitzt, bis das Lötzinn sauber verflossen und eine gute Verbindung zwischen Bauteil und Lötpunkt hergestellt ist. Der Lötvorgang selbst sollte so schnell wie möglich (aber nicht zu kurz, damit das Zinn sauber verfließt) ausgeführt werden. Sonst besteht die Gefahr, daß das Bauelement Schaden nimmt. Durch Nachlassen des Drucks an der Pinzette (Bauteil sinkt ein) erkennt man, daß der Lötvorgang beendet ist. Nach ein wenig Übung werden Sie diesen Arbeitsschritt sicher beherrschen.

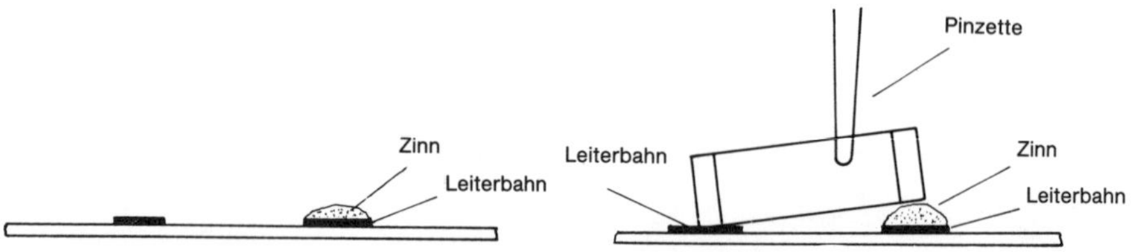

Einseitig verzinntes Lötauge

Plazieren des Bauteils

Anschließend wird der gegenüberliegende Anschluß gelötet. Zum Löten wird die gutverzinnte und saubere Lötspitze so auf die Lötstelle gehalten, daß sich Bauteil und Leiterbahn zugleich berühren. Gleichzeitig führen Sie Lötzinn zu (nicht zuviel!), das mit aufgeheizt wird. Sobald das Lötzinn zu fließen beginnt, nehmen Sie es von der Lötstelle und warten mit dem Lötkolben noch einen Augenblick, bis das zurückgebliebene Lot gut verlaufen ist. Den Lötkolben nehmen Sie dann von der Lötstelle. Die Menge des verwendeten Lötzinns muß natürlich ausreichend sein, darf jedoch nicht über die kleinen Lötstellen hinausragen (Kurzschlußgefahr).

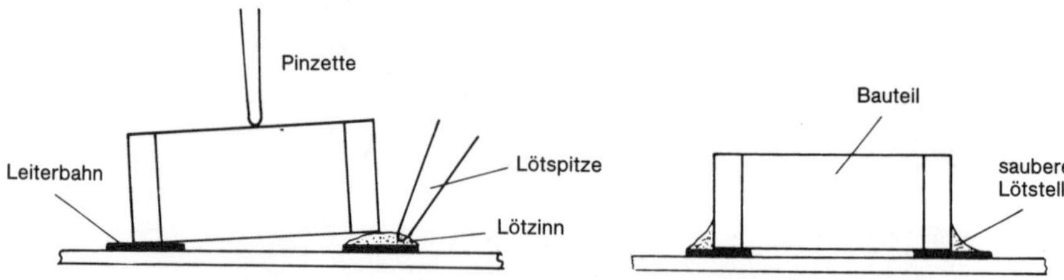

Leichter Druck auf das Bauteil

Gelötetes Bauteil

Bei Bauteilen mit mehreren Anschlüssen (ICs) gehen Sie in gleicher Weise vor. Hier werden jedoch zwei beliebige gegenüberliegende Lötpunkte verzinnt.

Wegen der sehr eng beieinanderliegenden Anschlüsse ist unbedingt darauf zu achten, daß diese nicht versehentlich miteinander mit Lötzinn verbunden werden (Abstand von Pin zu Pin nur ca. 0,8 mm). Um Bauteile mit mehreren Anschlüssen nicht unnötig aufzuheizen, sollten Sie dem Bauteil beim Löten eine Wärmepause gönnen. Also nicht alle nebeneinanderliegenden Anschlüsse nacheinander löten!

Regeln beim Handlöten

Bei der Reparatur oder Einzelanfertigung von SMD-bestückten Leiterplatten wird in der Regel mit Lötkolben gearbeitet.
Folgende Punkte sollten Sie beachten:

- kleine Lötkolbenspitze verwenden (0,8 mm)
- immer auf saubere Lötspitze achten
- Lötkolbenleistung nicht zu klein wählen (> 15 W)
- nicht mit der Lötspitze auf den SMD-Körper drücken
- Lötwärme sollte über das Lot auf die SMD-Anschlüsse einwirken
- max. Löttemperatur- und -zeit (Grenzwerte der Bauelemente einhalten)

Typische Lötstellen SMD-Technik – Einsteckmontage

Eine Erleichterung bei der Handbestückung von SMDs bieten entsprechende Pinzettten, Saugpipetten und Heißlötgeräte mit einer kleinen Heißluftdüse.

(Weller)

Löten mit dem Heißluftkolben

Bedingt dadurch, daß beim Löten und Entlöten mit Heißluft kein direkter Kontakt zur Platine oder zum Bauelement erforderlich ist, können auch die engsten Stellen erreicht werden und eine mechanische Beschädigung des Bauteils oder der Leiterplatte ist somit ausgeschlossen. Zum Löten wird erst die SMD-Lötpaste direkt aus der Kartusche auf die Lötpads aufgebracht. Die SMD-Bauteile werden dann auf die Lötpaste positioniert und mit einem „weichen" Luftstrahl gelötet. Bei SMD-ICs muß nicht auf jedes einzelne Lötpad die Lötpaste aufgebracht werden, sondern es wird ein Strang über alle Lötpads gezogen. Beim Verlöten mit dem Heißluftkolben zieht sich dann das Lot an den Lötstellen zusammen, womit keine Kurzschlüsse entstehen.

Löten mit dem Heißluftkolben (Weller)

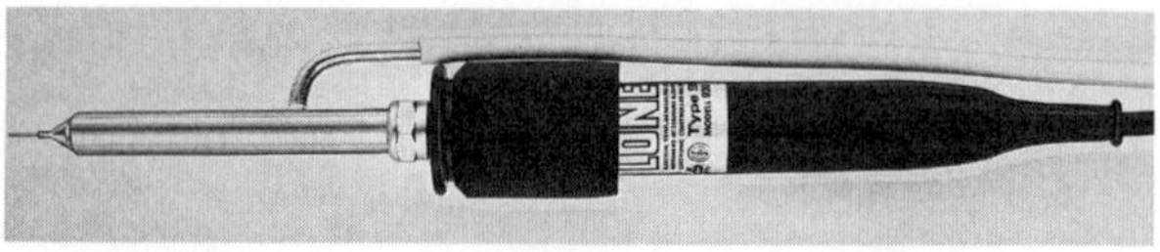

Heißluftgerät

220 V/70 W oder 24 V/50 W, elektronisch temperaturgeregelt (205–425 °C einstellbar).
Der Vorteil von Heißluftgeräten ist, daß kein direkter Bauteilekontakt mehr nötig ist, dadurch ist ein schnelles und bauteileschonendes Löten und Entlöten möglich. Einfaches Löten von DIP und Flat Pack ICs, gleich welcher Größe oder Anzahl von Bauteilefüßchen (EDSYN).

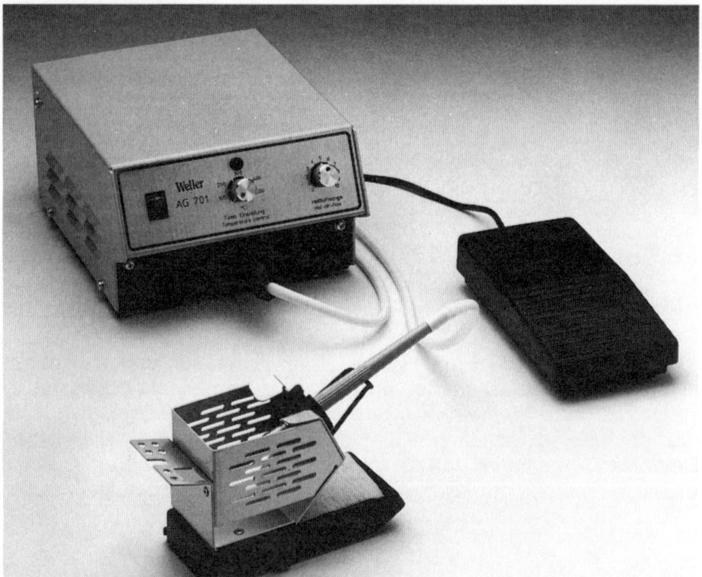

Heißgas-Station mit eingebauter Pumpe zur Erzeugung von Heißluft, zum Löten und Entlöten von SMDs. Der Heißgas-Pencil wird mit Schutzgas (z. B. Stickstoff) oder Druckluft betrieben. Luftmenge und Temperatur sind stufenlos einstellbar. Der Temperaturbereich reicht von 50 °C bis 550 °C. Das robuste 100 W-Heizelement garantiert eine optimale Wärmeversorgung, auch bei hohem Luftdurchsatz (Weller).

Als preiswerte Pumpe zur Erzeugung von Heißluft (in Verbindung mit einem Heißluftgerät) eignet sich bestens eine sogenannte „Aquarienpumpe", wie sie im Handel angeboten wird. Durch den stufenlosen Luftmengenregler ist die Luftmenge dosierbar.

Entlöten von SMD-Bauteilen

Das Entlöten (z. B. bei der Reparatur) von SMD-Bauelementen ist wesentlich problematischer als das Löten. Am besten bewährt hat sich hier die von der konventionellen Technik her bekannte Lötsauglitze. Die Anschlüsse der Bauteile werden mit dem Lötkolben soweit erhitzt, bis das Lötzinn mit der darangehaltenen Entlötlitze aufgenommen werden kann. Das Bauteil wird dann mit einer Pinzette vorsichtig entfernt. Wichtig: Ein einmal abgelötetes Bauteil sollte nicht wieder verwendet werden. Beim Entlöten werden auch mit einer Lötsaugpumpe sehr gute Erfolge erzielt. Auch hier ist – wie mit der Lötsauglitze – ein bißchen Übung erforderlich.

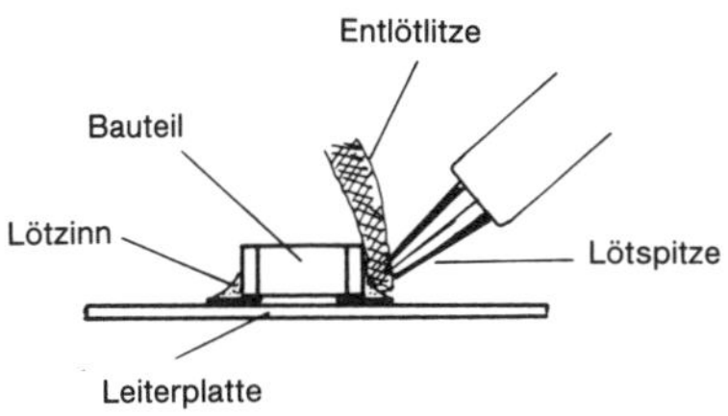

Entlöten mit Lötsauglitze

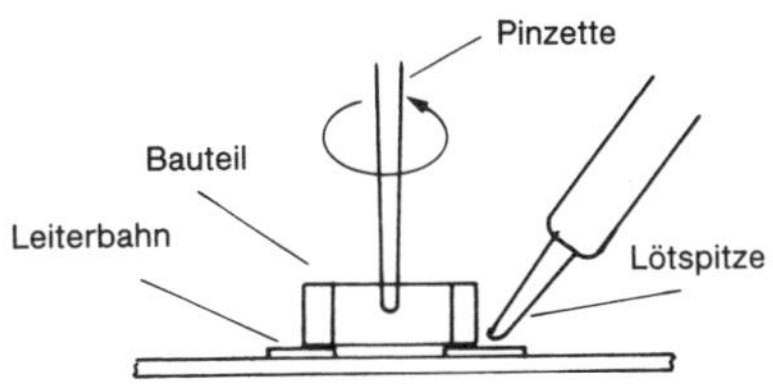

Abnehmen des Bauteiles

Als sehr praktische Reparaturmethode bei ICs hat sich das Abschneiden der Beinchen erwiesen.
Integrierte Schaltkreise werden mit einem Universalmesser (mit abbrechbarer Klinge) entfernt. Der Vorgang ist relativ einfach und läßt sich schnell und ohne Spezial-Werkzeug durchführen. Das scharfe Messer wird direkt am IC-Körper angelegt, mit entsprechendem Druck auf das Messer werden die IC-Beinchen nacheinander abgeschert. Nachdem das letzte Beinchen abgetrennt wurde, kann der Schaltkreis mit einer Pinzette weggenommen werden, es bleiben nur noch die Stummelfüßchen zurück.

Universalmesser

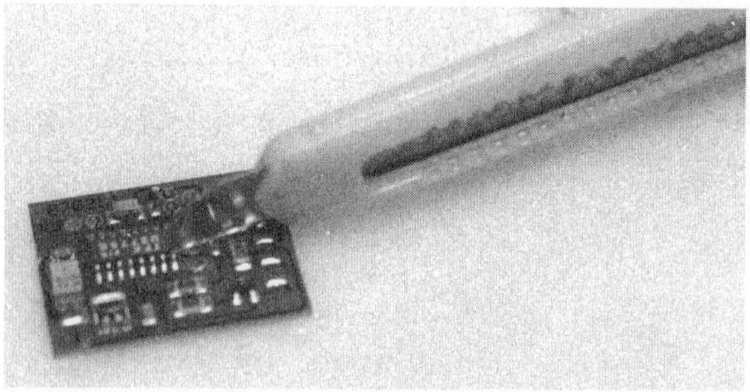

Diese Fußchen können ganz leicht mit Entlötsauglitze entfernt werden. Beim Entfernen der Füßchen mit Entlötlitze werden auch gleichzeitig die Lötflächen vom restlichen Zinn gesäubert, so daß man dann saubere Lötpads zum Auflöten des neuen ICs zur Verfügung hat.

Ablöten mit einer Entlötklinge
Als praktische Hilfe zum Ablöten von SMD-Bauteilen eignet sich die im Handel angebotene Entlötklinge (dünne, flexible Stahlfolie). Diese in Rollen angebotene Klinge wird auf die entsprechende Länge (ca. 1 cm) mit einer Schere gekürzt und in einen entsprechenden Halter (wie er für Skalpell-Klingen verwendet wird) eingespannt. Schieben Sie dazu die Entlötklinge unter eine Ecke des Bauteils und schmelzen gleichzeitig mit einem Heißluftkolben oder einem normalen Lötkolben das Lot. Wenn Sie alle Seiten des Bauteils von der Leiterbahn abgelöst haben, können Sie dies dann leicht abheben. Die Entlötklinge verhindert eine erneute Verbindung von SMD-Bauteilfüßchen und Lötfläche.

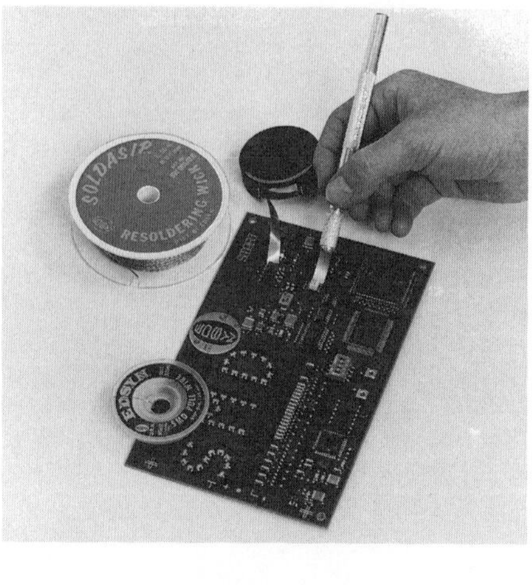

Bei Bauteilen, die zusätzlich noch mit einem Spezialkleber auf der Platine befestigt sind, entlöten Sie zuerst das Bauteil (Füßchen) mit der Klinge. Anschließend erwärmen Sie das Bauteil mit Heißluft von oben, danach wird die Entlötklinge unter das Bauteil geschoben, sobald sich der Klebstoff durch die Wärme gelöst hat, kann das Bauteil abgehoben werden.

Das Ablöten von Widerständen, Kondensatoren und anderen Kleinbauteilen erfolgt durch einfaches Wegblasen mit Heißluft (Heißluftkolben). Dazu wird das Heißluftgerät entlang des Bauteils hin und her bewegt, bis das Bauteil weggeblasen ist. Besonders geeignet sind auch sogenannte SMD-Spitzen für Lötkolben. Mit diesen Spitzen kann sowohl gelötet als auch abgelötet werden. Zum Ablöten wird die Spitze so über das Bauteil gehalten, daß die Anschlüsse (Lot) gleichzeitig erwärmt werden. Das Bauteil kann dann mit einer Pinzette abgenommen werden.

Entlötklinge

Klingenhalter

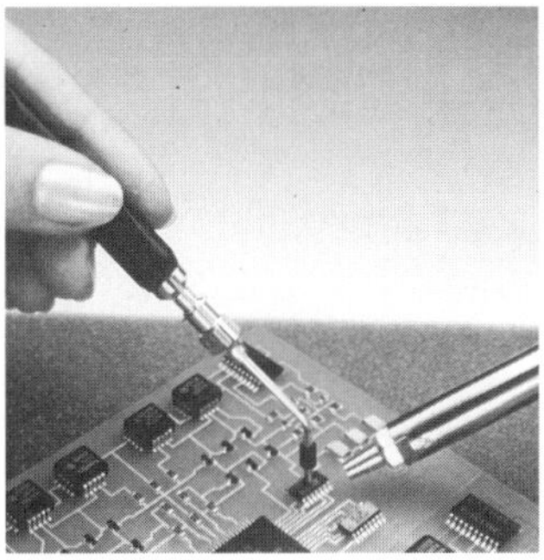

Ablöten mit Heißluft

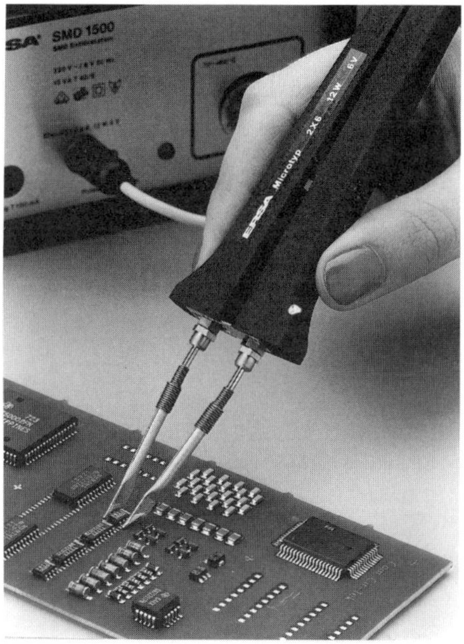

SMD-Entlötstation
Diese Entlötstation ist das ideale Werkzeug für Reparaturarbeiten an SMD-Bauelementen. (ERSA)

Ablöten von integrierten Schaltkreisen

Zum Ablöten von Schaltkreisen eignet sich besonders feiner Stahldraht (Entlötdraht). Dazu wird der Entlötdraht unter den SMD-Bauteilefüßchen von zwei gegenüberliegenden Seiten durchgezogen. Ein Ende des Drahtes wird mit Klebeband etc. fixiert. Mit dem Heißluftgerät oder dem Lötkolben wird das Lot zum Schmelzen gebracht, gleichzeitig wird das Bauteilfüßchen mit dem Draht nach oben gezogen. Um ein erneutes Verbinden von Bauteilfüßchen und Lötpad zu verhindern, sollte das Lot stets vor dem Draht geschmolzen werden.

Entlötdraht

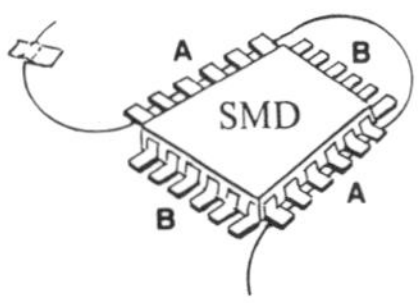

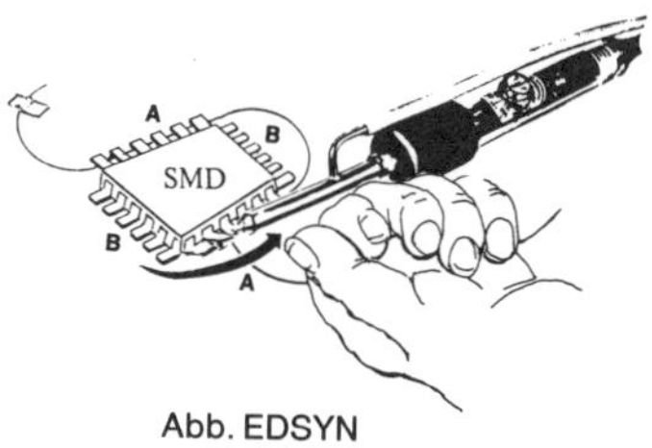

Abb. EDSYN

Selbstverständlich gibt es zum Ablöten von Schaltkreisen entsprechende Entlöteinsätze für Lötkolben, die zum einen relativ teuer sind und zum anderen durch die vielfältigen IC-Gehäuseformen eine Vielzahl von Entlöt-Einsätzen erfordert. Das Ablöten erfolgt relativ einfach. Der aufgeheizte Entlöteinsatz wird einfach auf das Bauteil (Anschlüsse) gedrückt, wenn das Lot der Anschlüsse geschmolzen ist, wird das Bauteil von der Leiterbahn abgehoben.

Entlöteinsätze
Sekundenschnell und ohne Gefahr für die Anschlüsse können mit einem Entlöteinsatz Flat-Packs, Quad-Packs oder PLCCs entlötet werden (Weller).

Chip Löt-
Entlötspitze

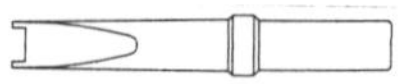

Für SMD-bestückte Platinen sind diese Spitzen gut geeignet.
Problemlos kann mit ihnen gelötet und auch entlötet werden. (Weller)

Service und Reparatur-System für SMD-Technik

Weller

Die Weller PPS-System ist ein Arbeitsplatz vornehmlich für die Reparatur von SMD-bestückten Platinen. Es können sowohl SMD-Bauformen wie MELF, CHIP, SO, SOT, PLCC usw., aber auch bedrahtete Bauelemente (Mischbestückung) aus- und eingelötet werden.

Das PPS-System besteht im wesentlichen aus 3 Baugruppen:
● der Arbeitstisch W-WT, ● der Montagearm PPA, ● die Versorgungseinheit W-BU.

Der Arbeitstisch ist mit einer Heizplatte (100 × 160 mm) ausgerüstet, die je nach Bedarf zum Vorwärmen oder auch direkt als Reflow-Arbeitsplatz genutzt werden kann. Die Temperatur der Heizplatte ist von 50–300 °C regelbar.

Die Bereitstellung der Bauteile erfolgt für Schüttgut in einem motorgetriebenen Drehteller.

Für gegurtete Bauteile können Gurtabroller montiert werden. Die Arbeitsfläche besteht aus leitfähigem Kunststoff und hat einen Anschluß für Potentialausgleich.

Der Montagearm wird über einen Manipulatorgriff in x-y-z-Richtung bewegt und ist mit einer drehbaren Vakuum-Positionier-Pipette bestückt.
Zum Löten bzw. Entlöten wird temperaturgeregeltes Heißgas auf die Bauteilanschlüsse geblasen.
Die Bedienung erfolgt per Handschaltung oder über ein Fußpedal.

Die Basic-Unit W-Bu ist die Steuereinheit zur Versorgung und Regelung für die Heizplatte, die Heißgastemperatur, die Gasmenge und das Vakuum.
Auch alle anschließbaren Hilfswerkzeuge, wie Dispenser, Lötpencil, Entlötkolben usw. werden an der W-BU eingestellt und überwacht.
Die Betriebstemperatur aller beheizten Geräte kann an der Digitalanzeige abgerufen werden.

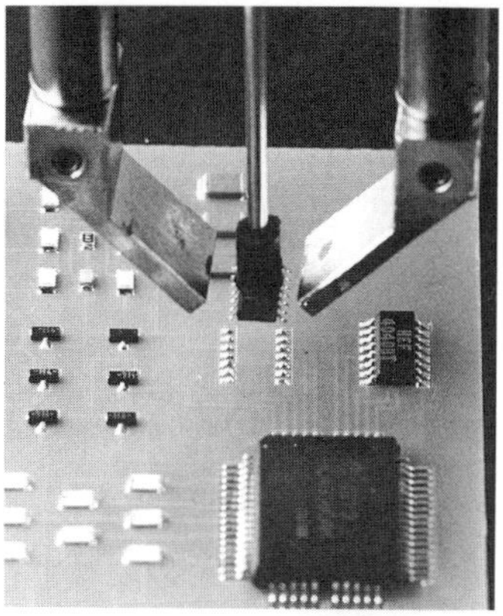

Entlöten
Die Leiterplatte wird auf der Heizplatte vorgewärmt. Die Bauelemente werden mit heißem Schutzgas entlötet und mit der Vakuumnadel abgehoben. (Weller)

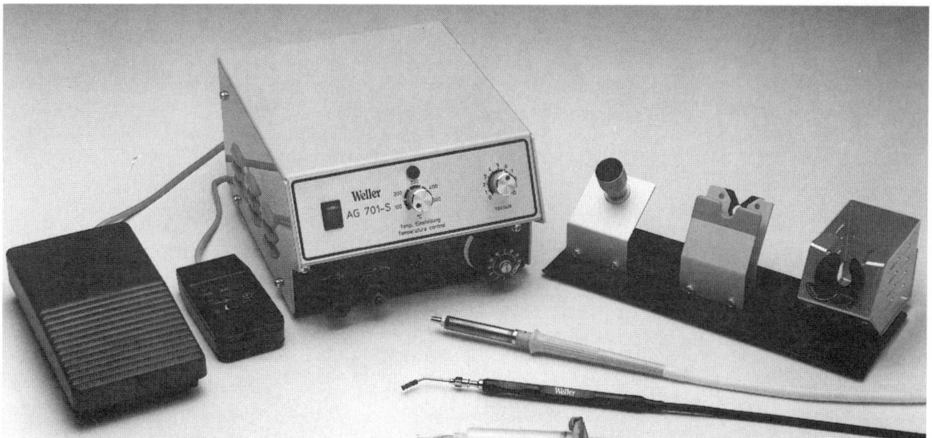

Heißgasstation mit drei Funktionen
Dieses Gerät eignet sich zum Bestücken und Positionieren, zum Auftragen von Klebern oder Paste sowie zum Löten von SMDs. (Weller)

Lötpaste

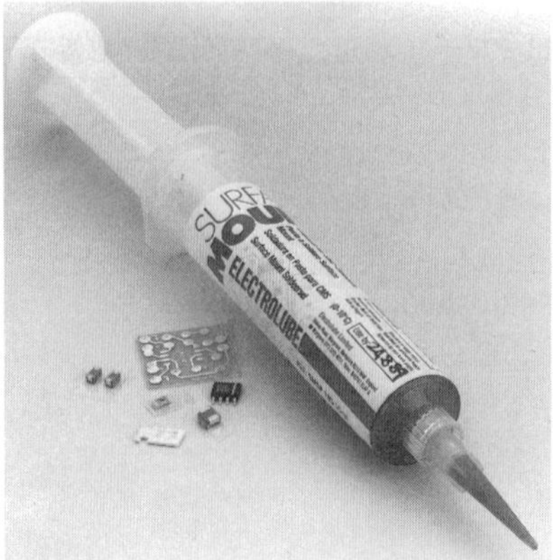

Unter Lötpaste versteht man im allgemeinen ein Gemisch aus Lot (oxydfreies Lötpulver) und Flußmittel, das durch seine Zusätze als Träger bezeichnet werden kann. Das Metall, das in Form von Pulver dem Flußmittel beigemengt wird. Die Praxis zeigt, daß mit Metallpulver aus Kugeln mit der Größe zwischen 20 und 80 µm gute Voraussetzungen für eine qualitativ hochwertige Lötpaste gegeben sind. Flußmittel werden zum Anlösen des Trägermaterials benötigt.

SMD-Lötpaste in praktischer Spritzenabfüllung gewährleistet eine saubere und genaue Dosierung. (Conrad)

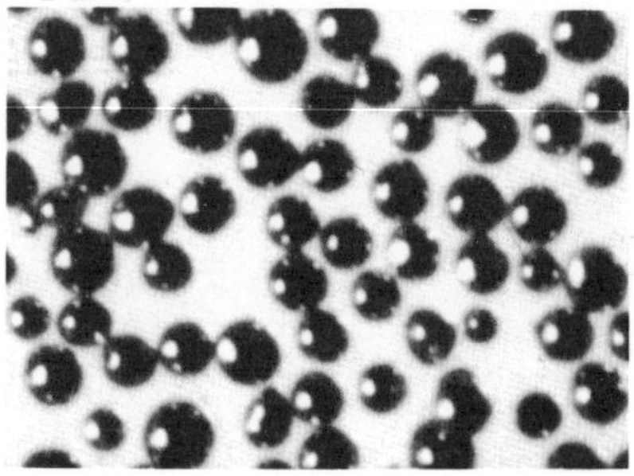

Das nebenstehende Foto zeigt Lötpaste in 80facher Vergrößerung.

Lötpastenauftrag

Das Reflow-Löten macht es erforderlich, eine genau vorberechnete Menge Lot auf die Lötflächen (Pads) der Leiterplatte aufzutragen. Es gibt dazu mehrere Möglichkeiten: (Schablonendruck, Dosiergerät, Siebdruck).

Sieb- bzw. Schablonendruck

(Schablonendruck)
Auf die Lot-Pads der Leiterplatte wird mit Hilfe einer Schablone eine Lötpaste aufgebracht. Diese Lötpaste besteht aus mikroskopisch kleinen Blei-Zinn-Kugeln, Fluß- und Bindemitteln und ergibt ein zäh-cremiges Gebinde.
Als Schablonenmaterial wird Bronze-, Stahl-, Messing- oder Kupferblech von etwa 0,1 bis 0,3 mm Stärke verwendet. Das Ganze funktioniert so: Die Lötpaste wird auf die Schablone aufgebracht und anschließend mit einem Rakel von Hand über die Schablonenlöcher verstrichen. Der Arbeitsgang gleicht dem manuellen Siebdruck.
Die Aussparungen der Schablone sind identisch mit den Anschlußflächen der Leiterplatte.

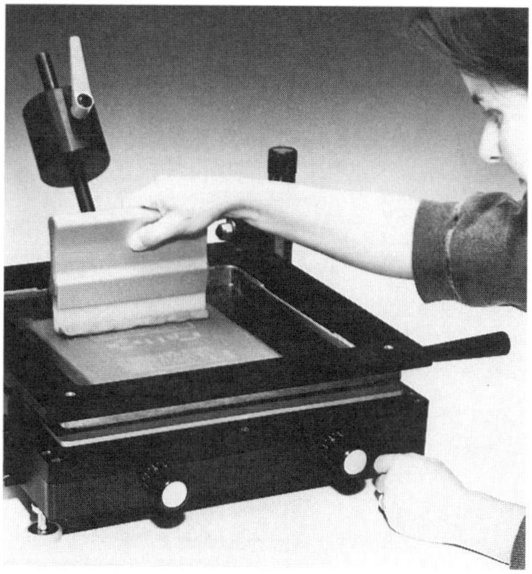

Sieb- bzw. Schablonendruckgeräte dienen zum Auftragen von Lötpaste, Kleber und Schutzlacken.
Ein Gegengewicht erleichtert das Aufklappen des Rahmens.
Über Schrauben kann der Rahmen in der x-y-Achse verschoben werden. (Weller)

(Siebdruck)
Das Siebdrucken ist die bekannteste Auftragstechnik. Hierbei wird ähnlich wie beim Schablonendruck die Lötpaste mit Hilfe eines Rakels durch die Öffnungen in einem beschichteten Sieb gepreßt. Die Öffnungen sind identisch mit den Anschlußflächen auf der Platine. Es werden überwiegend Siebe aus Edelstahlgewebe von 80 mesh (80 Maschen je Zoll) mit einem Drahtdurchmesser von 100 µm eingesetzt.

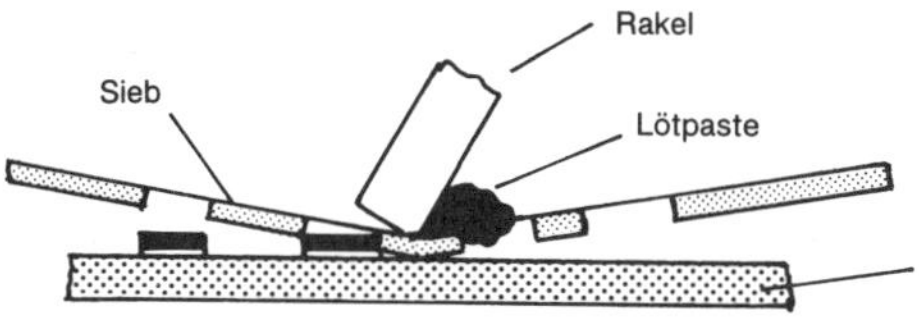

Lötpasten-Auftrag

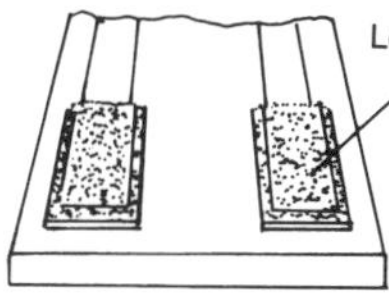

(Dispenser)
Eine weitere Möglichkeit, Lötpaste aufzutragen, ist das Dosieren mit einem Dosiergerät (Dispenser) ähnlich wie beim Kleberauftrag. Der Nachteil dabei ein größerer Zeitaufwand, da das Dosieren punktuell erfolgen muß.

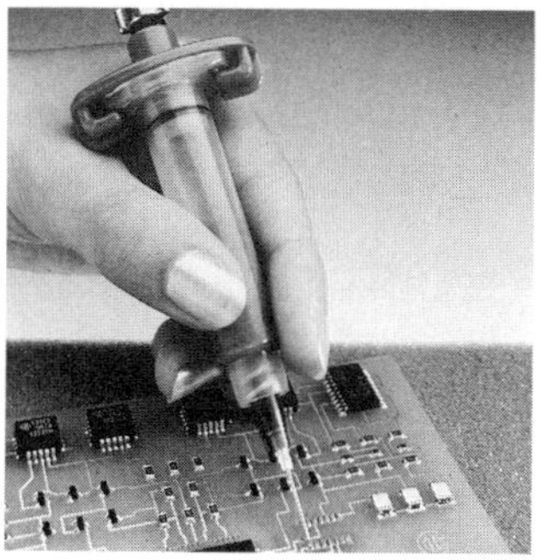

Dispenser für Lötpaste oder Kleber. (GLT)

Kleberauftrag
Bei einer Mischbestückung und anschließender Wellenlötung ist es erforderlich, die SMDs mittels Kleber zu fixieren. Die Dosierung muß so gewählt werden, daß der Kleber auf gar keinen Fall die Lötflächen berührt. Dies würde zu einer unbrauchbaren Lötung führen, d. h., wird eine zu große Klebermenge aufgetragen, besteht die Gefahr, daß überschüssiger Kleber beim Bestücken auf die Lötflächen gequetscht wird.

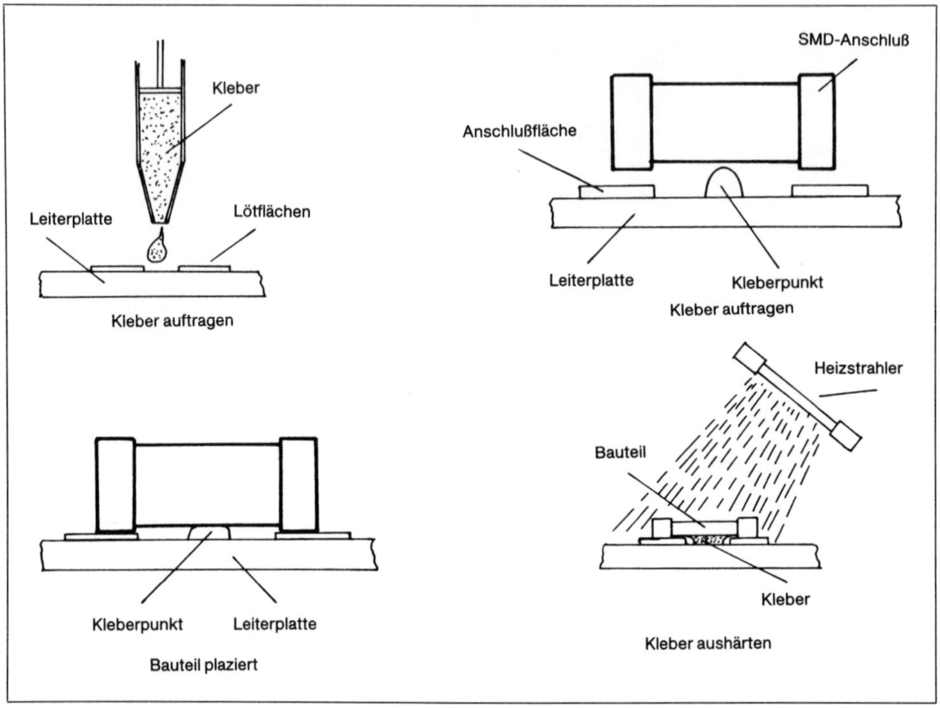

Reflow-Löten
Das Reflow-Löten (= Aufschmelzlöten) ist ein seit Jahren bekanntes und bewährtes Lötverfahren bei der Produktion von Hybridschaltungen und Keramiksubstraten. Es ist auch heute noch bei der SMD-Produktion weit verbreitet. Der Ablauf sieht im Prinzip so aus: Zunächst wird auf die Lötflächen die Lötpaste aufgebracht. Anschließend drückt man die Lötanschlüsse (Stummelfüße) der Bauelemente in die Paste. Bis zum eigentlichen Lötvorgang und während des Reflow-Lötens wird das Bauteil durch die klebrige Lötpaste festgehalten, anschließend schmilzt die Paste durch Wärmeeinwirkung auf. Während des Aufschmelzens schwimmt das SMD praktisch frei im Lot auf der Anschlußfläche der Leiterplatte. Benetzungskraft und Oberflächenspannung des Lotes ergeben eine Umhüllung des SMD-Anschlusses mit Lot. Selbst nicht exakt plazierte Bauteile werden durch die Oberflächenspannung des Lotes selbstjustiert.

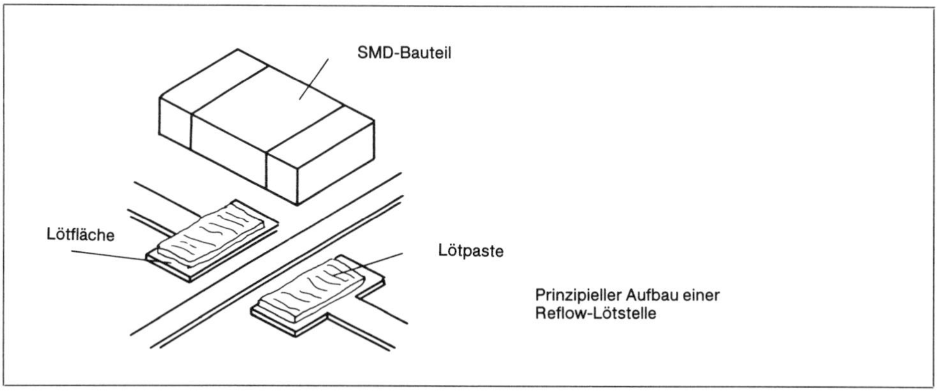

Prinzipieller Aufbau einer Reflow-Lötstelle

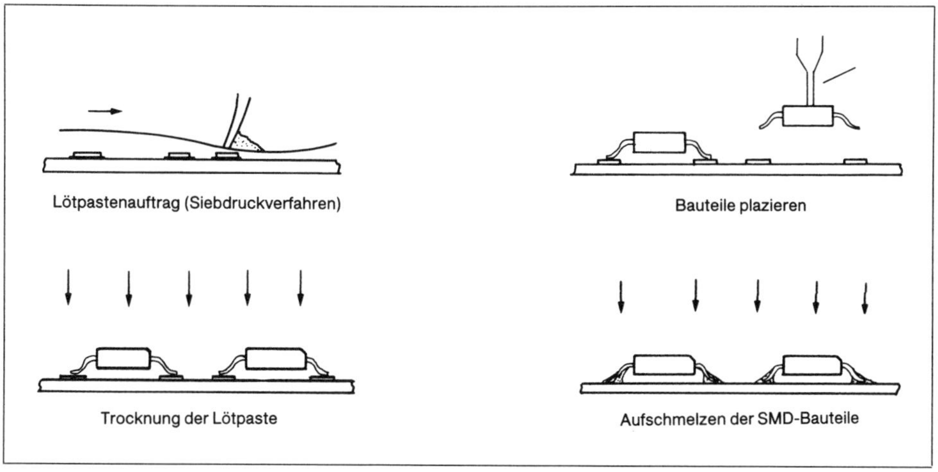

Arbeitsschritte beim IR-Löten

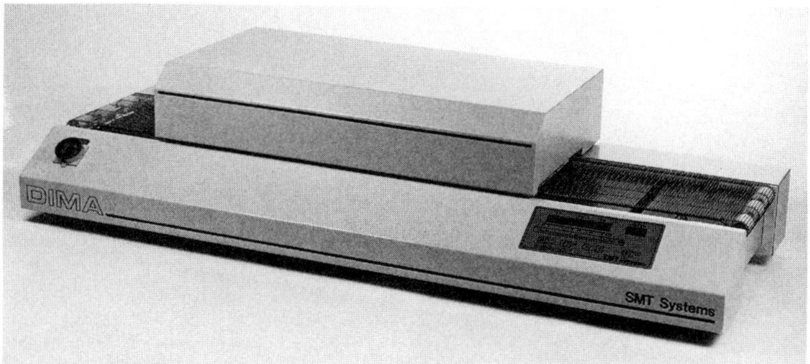

Reflow-Lötanlage
Infrarot-Durchlaufofen für kleine bis mittlere Serienfertigung und Laborbetrieb (AASTON)

Wellenlöten (Schwallbad-Löten)

Dieses in der Fertigung von Flachbaugruppen eingesetzte Verfahren ist auch zum Löten von SMD-bestückten Leiterplatten geeignet. Anwendung findet dieses Verfahren immer dann, wenn Leiterplatten in gemischter Bestückung (bedrahtete Bauelemente auf der einen und deren Drahtenden zusammen mit den SMDs auf der anderen Seite) in einem Durchgang gelötet werden. Auf die „Unterseite" einer doppelseitigen Platine werden SMDs geklebt, die „Oberseite" wird mit den bedrahteten Bauteilen bestückt.

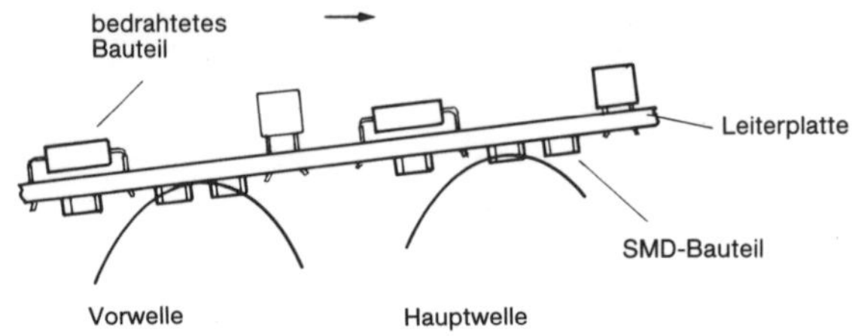

Löten mit Doppelwelle

Die Baugruppe wird mit den festgeklebten Bauteilen nach unten durch die Wellenlötmaschine geführt. Für SMD-Lötung mit hoher Packungsdichte ist auf jeden Fall eine Lötmaschine mit zwei hintereinander angeordneten Wellen-Systemen nötig.

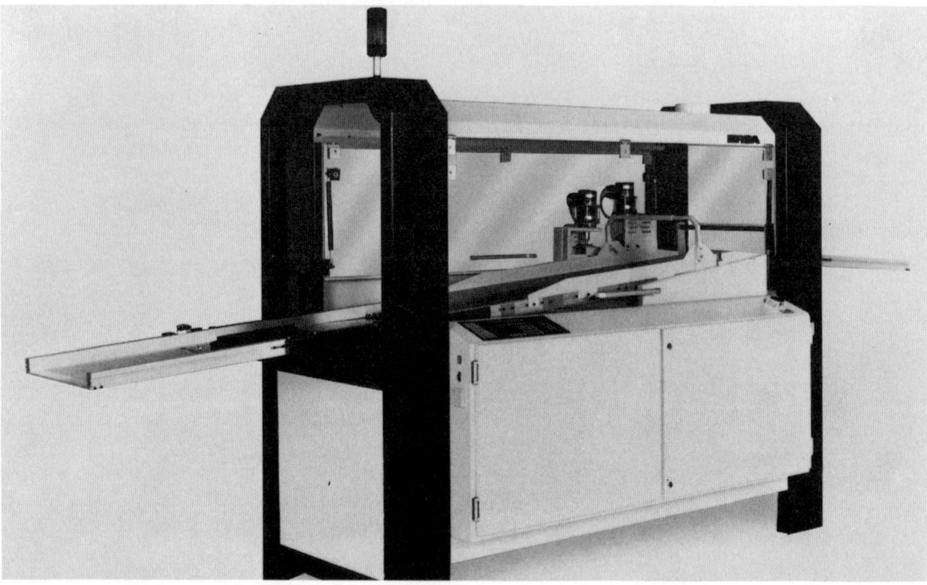

Typische Wellenlötanlage

Der Einsatz von SMDs stellt hohe Anforderungen an das Lötverfahren. Doppelwellenanlagen werden dieser Anforderung gerecht. (ERSA)

Lieferung von SMDs

Für die Serienproduktion von SMD-Schaltungen werden in der Regel Bestückungsautomaten eingesetzt.

Die am häufigsten verwendete Anlieferungsform von SMD-Bauteilen ist daher die Gurtbandverpackung. Dies hat den Vorteil, daß die Bauelemente geschützt und verwechslungssicher aufbewahrt und verarbeitet werden können.

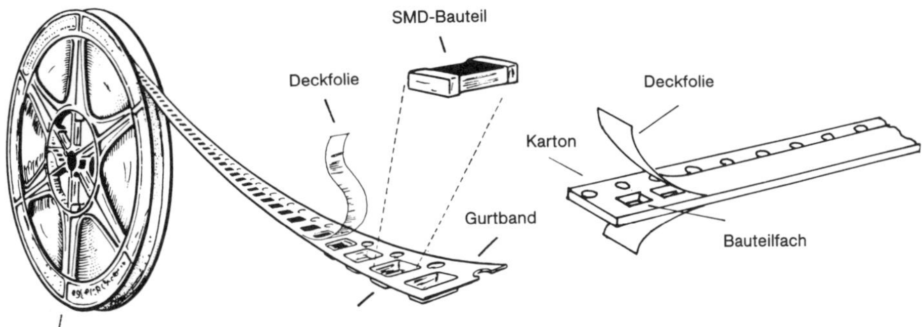

Wir unterscheiden Blistergurte und Pappgurte
Der Blistergurt hat vorgeformte Vertiefungen, die genau der Bauelementgröße entsprechen und mit einer Deckfolie verschlossen werden. Blistergurte bestehen überwiegend aus Plastik oder aus einer beidseitig mit Plastikfolien kaschierten Alufolie (wird überwiegend verwendet, um diskrete Halbleiter vor elektrostatischer Aufladung zu schützen).

Der Pappgurt besteht aus ca. 1,5 mm (bzw. der Stärke des Bauteiles entsprechend) dikkem und 8 oder 12 mm breitem Karton. Die Bauteile lagern in ausgestanzten Fächern. Das Herausfallen wird durch eine Deckfolie verhindert.

Alle polarisierten Bauelemente (Transistoren, LEDs, Dioden) sind in einer Richtung orientiert. Die Montageseite des Bauteiles liegt auf dem Boden des Bauteilefachs.
Die Gurtbreiten betragen derzeit 8 mm (für Bauteile im Gehäuse SOT 23, SOT 143, SOD 80, MELF), 12 mm für Bauteile im Gehäuse SOT 89.
Weiterhin gibt es Gurte in den Breiten 16, 24, 32, 44 und 56 mm auf dem Markt. Die größte Verbreitung hat jedoch der 8 mm-Gurt.

Nach wie vor werden SMDs in herkömmlicher Verpackung angeboten, z. B. lose in Beuteln, Schachteln oder – wie bei ICs in Stangenmagazinen.

Durch die Standardisierung der Maße für oberflächenmontierbare Bauteile wird die praktische Anwendung der SMD-Technik wesentlich erleichtert. Nachfolgende Bilder zeigen die gängigsten Lötflächen für SMDs.

Lagerung von SMD-Bauteilen

Die für konventionelle Bauteile verwendeten Aufbewahrungs-Magazine oder -Kästen eignen sich keinesfalls für SMD-Bauteile. Hier bieten sich spezielle, im Handel angebotene Magazine, Mikro-Container, Kunststoffdosen oder Vielfach-Magazine an. Aus diesen Magazinen, bei denen jede Dose mit einem glasklaren Deckel versehen ist, können die Bauteile mit einer Pinzette oder einer Saugpipette entnommen werden. Zur leichteren Identifizierung der Bauteile sollten die Dosen oder Einzelkammern unbedingt beschriftet werden. In der Praxis gut bewährt hat sich die zusätzliche Angabe des jeweiligen Codes, z. B. bei Widerständen, da man sich beim Einsortieren der nur im Code beschrifteten Bauteile wesentlich leichter tut.
Beim Aufbewahren von antistatisch gefährdeten Bauteilen sollten entsprechend leitfähige Behälter verwendet werden.

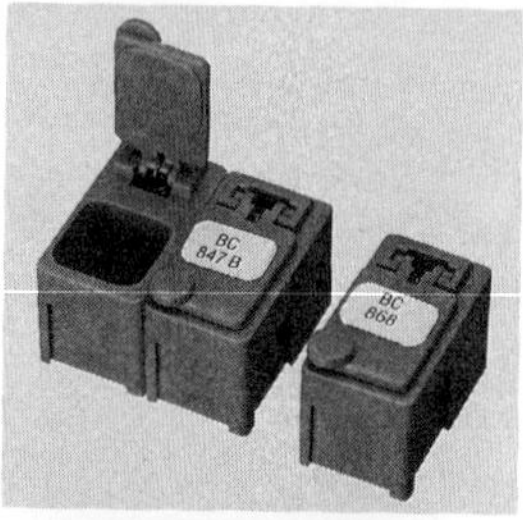

SMD-Container Leerboxen sorgen für Ordnung bei SMD-Widerständen, Vielschichtkondensatoren, Transistoren und ICs.

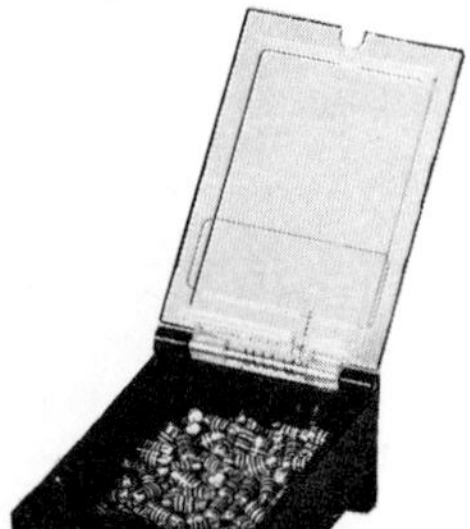

SMD-Sortimentskasten

Speziell die Bauteile in SMD-Technik verlieren sich geradezu in normalen Sortimentskästen. Um die sortierten Bauteile problemlos bestimmen zu können, sind 60 glasklare Dosen mit Deckel in einem Sortierkasten eingesetzt.

Verschiedene Aufbewahrungssysteme
Rund- oder Rechteckdosen können mit doppelseitigem Klebeband befestigt werden.

Lötflächen

Durch die Standardisierung der Maße für oberflächenmontierte Bauteile wird die praktische Anwendung der SMD-Technik wesentlich erleichtert. Nachfolgende Bilder zeigen die gängigsten Lötflächen für SMDs.

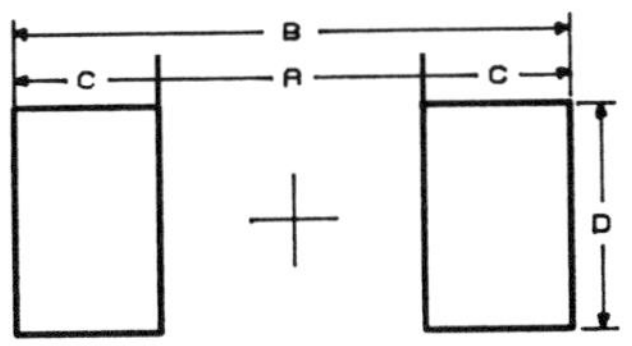

Bauform	SMD-Abm.	A	B	C	D
0805	2,0 × 1,25	0,8	3,4	1,3	1,4
1206	3,2 × 1,6	1,8	4,6	1,4	1,7
1210	3,2 × 2,5	1,8	4,6	1,4	2,6
1808	4,5 × 2,0	2,8	6,2	1,7	2,1
1812	4,5 × 3,2	2,8	6,2	1,7	3,3
2220	5,7 × 5,0	4,0	7,4	1,7	5,1
Mini MELF	3,5 × 1,6	2,2	5,8	1,8	1,7
MELF	5,0 × 2,4	2,8	7,2	2,2	2,5
Mikro MELF	2,0 × 1,27	1,1	2,1	2,0	0,9
SOD-80	3,2 × 1,4	1,8	4,6	1,4	1,7

Lötflächen für Chip-Kondensatoren, Chip-Widerstände, MELF-Widerstände und Dioden:

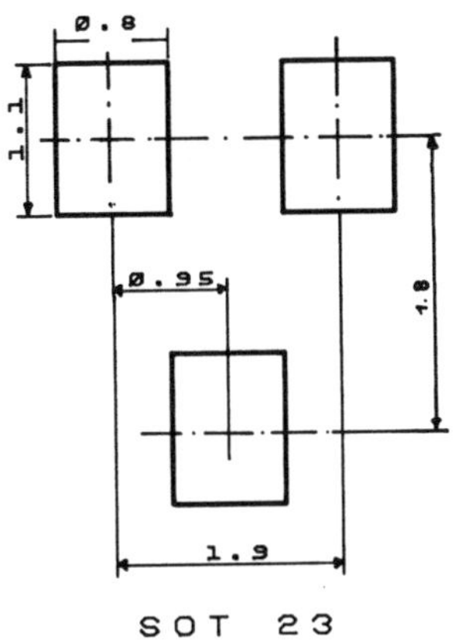

Lötflächen für SOT-23-Transistoren:

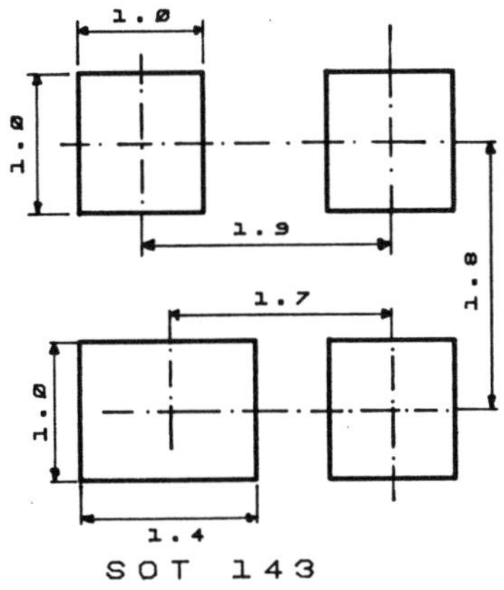

Lötflächen für SOT-143-Transistoren:

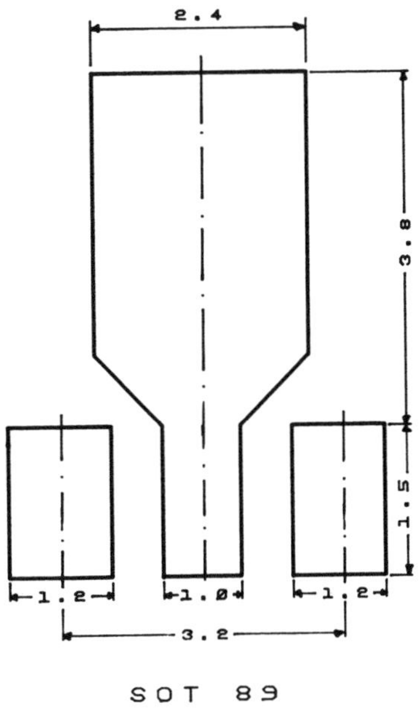

Lötflächen für SOT-89-Transistoren:

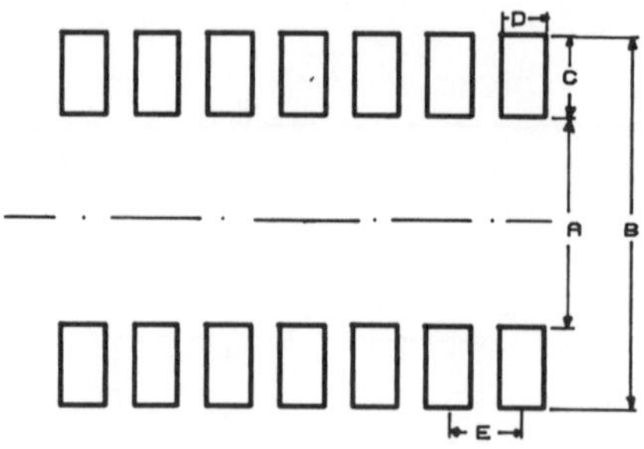

Gehäuse	A	B	C	D	E
SO-Small	4,0	7,0	1,5	0,6	1,27
SO-Large	7,8	11,4	1,8	0,6	1,25
VSO-40	8,0	13,4	2,7	0,5	0,762

Lötflächen für integrierte Schaltungen im SO-Gehäuse

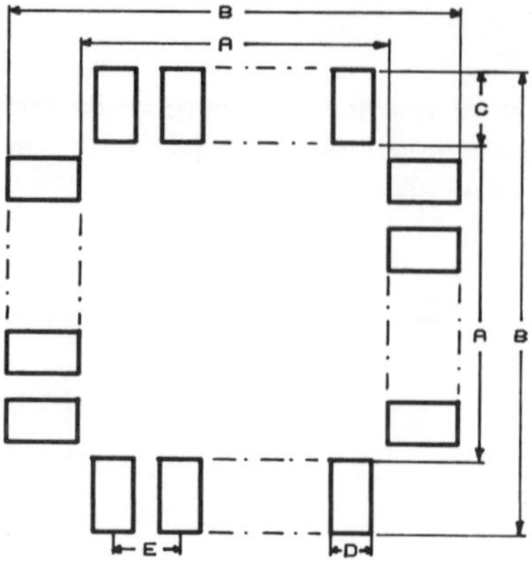

Gehäuse	A	B	C	D	E
PLCC-44	14,1	18,7	2,3	0,6	1,27
PLCC-68	21,8	26,4	2,3	0,6	1,27
PLCC-84	26,9	31,5	2,3	0,6	1,27

Lötflächen für integrierte Schaltungen im PLCC-Gehäuse

Typische SMD-Platine

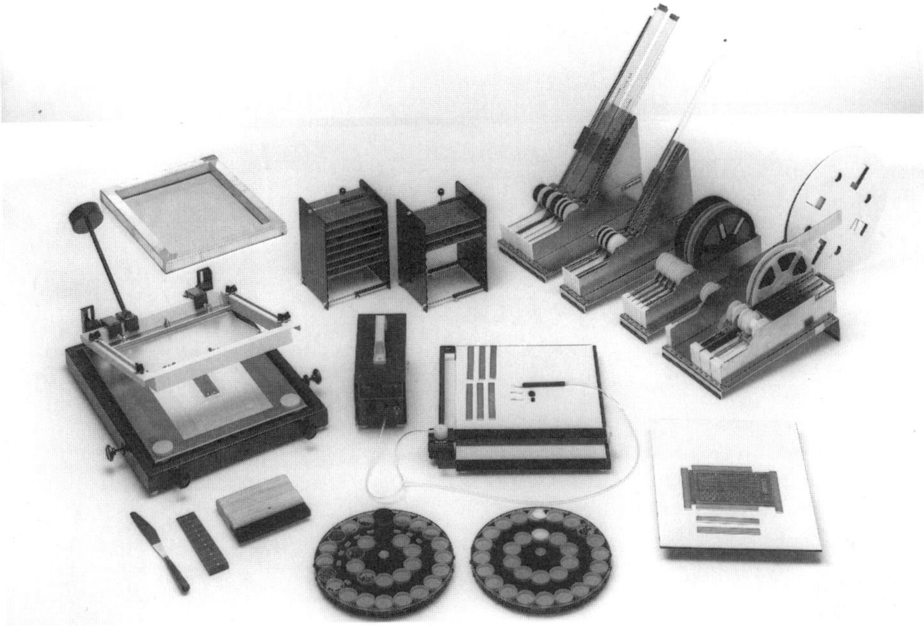

SMD-Set für den optimalen Einstieg in die SMD-Verarbeitungstechnik.

Das Set ist sowohl für den Entwickler zur Prototypenherstellung als auch für den Fertigungstechniker zur Kleinserienfertigung und zum Kennenlernen der SMD-Verarbeitungstechnik geeignet. (SEF)

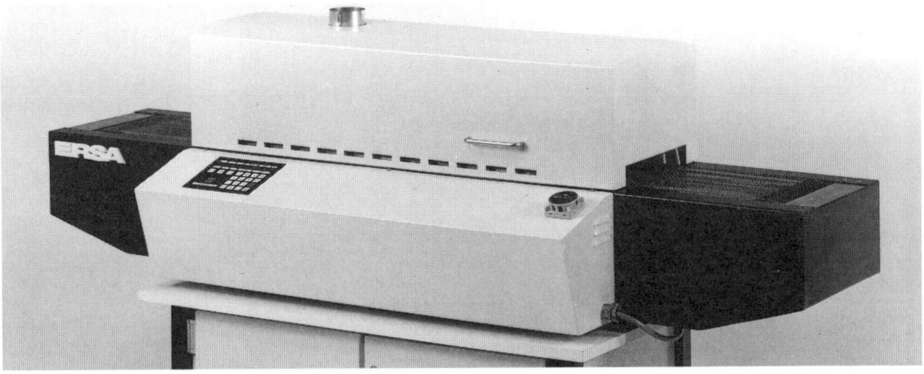

Typische Infrarot-Lötanlage für Klein- und Mittelserienanfertigung von SMD-bestückten Leiterplatten (bis zu 200 verschiedene Programme können abgespeichert werden).

Mit dieser Infrarot-Lötanlage können alle Arten von SMD-Bauelementen (auch PLCC's, MELF's und andere) auf unterschiedlichsten Trägermaterialien wie Glas-Epoxyd, Hartpapier und Keramik mittels Lotpasten verlötet werden. Weiterhin besteht die Möglichkeit, auf der Anlage auch Lotpasten, Dickschichtpasten, Lacke und Klebstoffe zu trocknen bzw. auszuhärten.

Vergleichstabelle Transistoren SMD/konventionell

SMD-Typ	Stempel	Abb.	konventionell
BA 621		43	32 V Tuner-Diode
BA 582	blau	59	Diode 35 V/100 mA
BA 583	blau	59	Diode 35 V/100 mA
BA 584	blau	59	Diode 35 V/100 mA
BA 585	grün	59	Diode 50 V/50 mA
BA 629		43	32 V Tuner-Diode
BA 679		43	
BA 682	rot	43	BA 482
BA 683	rot/orange	43	BA 483
BA 885	PA	2	
BAL 74	JC	3	
BAL 99	JF	4	
BAQ 33		43	
BAQ 34		43	
BAQ 35		43	
BAR 14-1	L7	5	
BAR 15-1	L8	6	
BAR 16-1	L9	7	
BAR 17	L6	2	Diode 100 V
BAR 28		43	Schottky
BAR 60	60	60	Diode 100 V
BAR 61	61	61	Diode 100 V
BAR 74	JB	2	
BAR 99	JG	8	
BAS 16	A6	2	BAW 62
BAS 17	A91	2	BA 314
BAS 19	A8	2	BAV 19
BAS 20	A81	2	BAV 20
BAS 21	A82	2	BAV 21
BAS 28	A61	9	BAW 62 (2X)
BAS 29	L20	2	BAX 12 A
BAS 31	L21	12	BAX 12 A (2X)
BAS 32	L22	43	BAW 62
BAS 35	L22	13	BAX 12 A (2X)
BAS 40	43	10	
BAS 40-04	44	5	
BAS 40-05	45	6	
BAS 40-06	46	7	
BAS 56	L51	9	BAV 12
BAS 70	73	2	
BAS 70-04	74	5	
BAS 70-05	75	6	
BAS 70-06	76	7	
BAT 14-025 S	42	62	Schottky 4 V/100 mA
BAT 14-025 D	42D	63	Schottky 4 GHz
BAT 14-025 R	42	64	Schottky
BAT 14-055 S	45	62	Schottky 4 V/100 mA

SMD-Typ	Stempel	Abb.	konventionell
BAT 14-055 D	45D	63	Schottky 8 GHz
BAT 14-055 R	45	64	Schottky
BAT 14-095 S	49	62	Schottky 4 V/50 mA
BAT 14-095 D	49D	63	Schottky 18 GHz
BAT 14-095 R	49	64	Schottky
BAT 14-115 S	41	62	Schottky 4 V/50 mA
BAT 14-115 D	41D	63	Schottky 40 GHz
BAT 14-115 R	41	64	Schottky
BAT 15-025 S	52	62	Schottky 4 V/100 mA
BAT 15-025 D	52D	63	Schottky 4 GHz
BAT 15-025 B	52	64	Schottky
BAT 15-055 S	55	62	Schottky 4 V/100 mA
BAT 15-055 D	55D	63	Schottky 8 GHz
BAT 15-055 B	55	64	Schottky
BAT 15-095 S	59	62	Schottky 4 V/50 mA
BAT 15-095 D	59D	63	Schottky 18 GHz
BAT 15-095 B	59	64	Schottky
BAT 15-115 S	51	62	Schottky 4 V/50 mA
BAT 15-115 D	51D	63	Schottky 40 GHz
BAT 15-115 B	51	64	Schottky
BAT 17	A3	2	BA 481
BAT 17-04	54	5	
BAT 17-05	55	6	
BAT 17-06	56	7	
BAT 18	A2	2	BA 482
BAT 32	32	62	Schottky 6,5 V/50 mA
BAV 70	A4/JJ	11	BAW 62 (2X)
BAV 74	JA	6	
BAV 99	A7/JE	12	BAW 62 (2X)
BAV 100	grün/schwarz	43	BAV 18
BAV 101	grün/braun	43	BAV 19
BAV 102	grün/rot	43	BAV 20
BAV 103	grün/orange	43	BAV 21
BAW 56	A1/JD	13	BAW 62 (2X)
BAW 78 A	GA	46	
BAW 78 B	GB	46	
BAW 78 C	GC	46	
BAW 78 D	GD	46	
BAW 79 A	GE	47	
BAW 79 B	GF	47	
BAW 79 C	GG	47	
BAW 79 D	GH	47	

SMD-Typ	Stempel	Abb.	konventionell
BAW 101	JP	48	
BAY 85		D53	
BB 215	weiß/grün	43	BB 405 B
BB 219	weiß	43	BB 909
BB 512	weiß	59	Diode 12 V/20 mA
BB 515	weiß	59	Diode 30 V/20 mA
BB 619	gelb	59	Diode 30 V/20 mA
BB 620	rot	59	Diode 30 V/20 mA
BB 801	UF	2	
BB 804	SF	11	
BB 811	weiß	59	Diode 30 V/20 mA
BB 814	SH	6	Diode 18 V/20 mA
BBY 31	S1	2	BB 405 G
BBY 39	S12	11	
BBY 40	S2	2	BB 409
BC 807-16	5A	16	BC 327-16
BC 807-25	5B	16	BC 327-25
BC 807-40	5C	16	BC 327-40
BC 808-16	5E	16	BC 328-16
BC 808-25	5F	16	BC 328-25
BC 808-40	5G	16	BC 328-40
BC 817-16	6A	16	BC 337-16
BC 817-25	6B	16	BC 337-25
BC 817-40	6C	16	BC 337-40
BC 818-16	6E	16	BC 338-16
BC 818-25	6F	16	BC 338-25
BC 818-25	6G	16	BC 337-40
BC 846 A	1A	16	BC 546 A
BC 846 AR	1AR	27	BC 546 A
BC 846 B	1B	16	BC 546 B
BC 846 BR	1BR	27	BC 536 B
BC 847 A	1E	16	BC 547 A
BC 847 AR	1ER	27	BC 547 A
BC 847 B	1F	16	BC 547 B
BC 847 BR	1FR	27	BC 547 B
BC 847 C	1G	16	BC 547 C
BC 847 BR	1GR	27	BC 547 C
BC 848 A	1J	16	BC 548 A
BC 848 AR	1JR	27	BC 548 A
BC 848 B	1K	16	BC 548 B
BC 848 BR	1KR	27	BC 548 B
BC 848 C	1L	16	BC 548 C
BC 848 CR	1LR	27	BC 548 C
BC 849 B	2B	16	BC 549 B
BC 849 BR	2BR	27	BC 549 B
BC 849 C	2C	16	BC 549 C
BC 849 CR	2CR	27	BC 549 C
BC 850 B	2F	16	BC 550 B

SMD-Typ	Stempel	Abb.	konventionell
BC 850 BR	2FR	27	BC 550 B
BC 850 C	2G	16	BC 550 C
BC 850 CR	2GR	27	BC 550 C
BC 856 A	3A	16	BC 556 A
BC 856 AR	3AR	27	BC 556 A
BC 856 B	3B	16	BC 556 B
BC 856 BR	3BR	27	BC 556 B
BC 857 A	3E	16	BC 557 A
BC 857 AR	3ER	27	BC 557 A
BC 857 B	3F	16	BC 557 B
BC 857 BR	3FR	27	BC 557 B
BC 857 C	3G	16	BC 557 C
BC 857 CR	3GR	27	BC 557 C
BC 858 A	3J	16	BC 558 A
BC 858 AR	3JR	27	BC 558 A
BC 858 B	3K	16	BC 558 B
BC 858 BR	3KR	27	BC 558 B
BC 858 C	3L	16	BC 558 C
BC 858 CR	3LR	27	BC 558 C
BC 859 A	4B	16	BC 559 A
BC 859 AR	4BR	27	BC 559 A
BC 859 B	4B	16	BC 559 B
BC 859 BR	4BR	27	BC 559 B
BC 859 C	4C	16	BC 559 C
BC 859 CR	4CR	27	BC 559 C
BC 860 A	4E	16	BC 560 A
BC 860 AR	4ER	27	BC 560 A
BC 860 B	4F	16	BC 560 B
BC 860 BR	4FR	27	BC 560 B
BC 860 C	4G	16	BC 560 C
BC 860 CR	4GR	27	BC 560 C
BC 868	CAC	28	BC 368
BC 869	CEC	28	BC 369
BCF 29	C7	16	BC 559 A
BCF 29 R	C77	27	BC 559 A
BCF 30	C8	16	BC 559 B
BCF 30 R	C9	27	BC 559 B
BCF 32	D7	16	BC 549 B
BCF 32 R	D77	27	BC 549 B
BCF 33	D8	16	BC 549 C
BCF 33 R	D81	27	BC 549 C
BCF 70	H7	16	BC 560 B
BCF 70 R	H71	27	BC 560 B
BCF 81	K9	16	BC 550 C
BCF 81 R	K91	27	BC 550 C
BCV 26	FD	16	BC 516
BCV 27	FF	16	BC 517
BCV 28	ED	17	
BCV 29	EF	17	
BCV 29	EG	17	
BCV 46	FE	16	
BCV 47	FG	16	

SMD-Typ	Stempel	Abb.	konventionell
BCV 48	EE	17	
BCV 49	EG	17	NPN 60 V/500 mA
BCV 61	D91	29	BC 547
BCV 62	C91	31	BC 557
BCV 71	K7	16	BC 546 A
BCV 71 R	K71	27	BC 546 A
BCV 72	K8	16	BC 546 B
BCV 72 R	K81	27	BC 546 B
BCW 29	C1	16	BC 558 A
BCW 29 R	C4	27	BC 558 A
BCW 30	C2	16	BC 558 B
BCW 30 R	C5	27	BC 558 B
BCW 31	D1	16	BC 548 A
BCW 31 R	D4	27	BC 548 A
BCW 32	D2	16	BC 548 B
BCW 32 R	D5	27	BC 548 B
BCW 33	D3	16	BC 548 C
BCW 33 R	D6	27	BC 548 C
BCW 60 A	AA	16	BC 548 A
BCW 60 AR	AO	27	
BCW 60 B	AB	16	BC 548 B
BCW 60 BR	AP	27	
BCW 60 C	AC	16	BC 548 B
BCW 60 CR	AR	27	
BCW 60 D	AD	16	BC 548 C
BCW 60 D	AS	27	
BCW 60 FF	AF	16	
BCW 60 FN	AN	16	
BCW 61 A	BA	16	BC 558 A
BCW 61 AR	BO	27	
BCW 61 B	BB	16	BC 558 B
BCW 61 BR	BP	27	
BCW 61 C	BC	16	BC 558 B
BCW 61 CR	BR	27	
BCW 61 D	BD	16	BC 558 C
BCW 61 DR	BS	27	
BCW 61 FF	BF	16	
BCW 61 FN	BG	16	
BCW 65 A	EA	16	
BCW 65 AR	ET	27	
BCW 65 B	EB	16	
BCW 65 BR	EU	27	
BCW 65 C	EC	16	
BCW 65 CR	EW	27	
BCW 66 F	EF	16	
BCW 66 FR	EX	27	
BCW 66 G	EG	16	
BCW 66 GR	EY	27	
BCW 66 H	EH	16	
BCW 66 HR	EZ	27	
BCW 67 A	DA	16	

SMD-Typ	Stempel	Abb.	konventionell
BCW 67 AR	DT	27	
BCW 67 B	DB	16	
BCW 67 BR	DU	27	
BCW 67 C	DC	16	
BCW 67 CR	DW	27	
BCW 68 F	DF	16	
BCW 68 FR	DX	27	
BCW 68 G	DG	16	
BCW 68 GR	DY	27	
BCW 68 H	DH	16	
BCW 68 HR	DZ	27	
BCW 69	H1	16	BC 557 A
BCW 69 R	H4	27	BC 557 A
BCW 70	H2	16	BC 557 B
BCX 70 GR	AU	27	
BCX 70 HR	AW	27	
BCX 70 JR	AX	27	
BCX 70 KR	AY	27	
BCW 70 R	H5	27	BC 557 B
BCW 71	K1	16	BC 547 A
BCX 71 GR	BU	27	
BCX 71 HR	BW	27	
BCX 71 JB	BX	27	
BCX 71 KR	BY	27	
BCW 71 R	K4	27	BC 547 A
BCW 72	K2	16	BC 547 B
BCW 72 R	K5	27	BC 547 B
BCW 81	K3	16	BC 547 C
BCW 81 R	K31	27	BC 547 C
BCW 89	H3	16	BC 556 A
BCW 89 R	H31	27	BC 556 A
BCX 17	T1	16	BC 327
BCX 17 R	T4	27	BC 327
BCX 18	T2	16	BC 328
BCX 18 R	T5	27	BC 328
BCX 19	U1	16	BC 337
BCX 19 R	U4	27	BC 337
BCX 20	U2	16	BC 338
BCX 20 R	U5	27	BC 338
BCX 41	EK	16	
BCX 42	DK	16	
BCX 51	AA	28	BC 636
BCX 51-6	AB	28	
BCX 51-10	AC	28	
BCX 51-16	AD	28	
BCX 52	AE	28	BC 638
BCX 52-6	AF	28	
BCX 52-10	AG	28	
BCX 52-16	AM	28	
BCX 53	AH	28	BC 640
BCX 53-6	AJ	28	
BCX 53-10	AK	28	

SMD-Typ	Stempel	Abb.	konventionell
BCX 53-16	AL	28	
BCX 54	BA	28	BC 635
BCX 54-6	BB	28	
BCX 54-10	BC	28	
BCX 54-16	BD	28	
BCX 55	BE	28	BC 637
BCX 55-6	BF	28	
BCX 55-10	BG	28	
BCX 55-16	BM	28	
BCX 56	BH	28	BC 639
BCX 56-6	BJ	28	
BCX 56-10	BK	28	
BCX 56-16	BL	28	
BCX 68	CA	28	BC 368
BCX 68-10	CB	28	
BCX 68-16	CC	28	
BCX 68-25	CD	28	
BCX 69	CE	28	BC 369
BCX 69-16	CG	28	
BCX 69-25	CH	28	
BCX 70 G	AG	16	BC 547 A
BCX 70 H	AH	16	BC 547 B
BCX 70 J	AJ	16	BC 547 B
BCX 70 K	AK	16	BC 547 C
BCX 71 G	BG	16	BC 557 A
BCX 71 H	BH	16	BC 557 B
BCX 71 J	BJ	16	BC 557 B
BCX 71 K	BK	16	BC 557 C
BF 510	S6	32	BF 410 A
BF 511	S7	32	BF 410 B
BF 512	S8	32	BF 410 C
BF 513	S9	32	BF 410 D
BF 517	LR	16	
BF 536	G3	16	BF 936
BF 550	G2/LA	16	BF 450
BF 550 R	G5	27	BF 450
BF 554	CC	16	
BF 569	G6/LH	16	BF 970
BF 569 R	G61	27	BF 970
BF 579	G7/LJ	16	BF 979
BF 599	NB	16	
BF 620	DC	28	BF 420
BF 621	DF	28	BF 421
BF 622	DA	28	BF 422
BF 623	DB	28	BF 423
BF 660	G8/LE	16	BF 606 A
BF 767	G9	16	BF 967
BF 770 A	LS	16	
BF 771	RB	16	NPN-HF 12 V/80 mA
BF 772	RA		NPN-HF 12 V/80 mA
BF 775	LO	16	

SMD-Typ	Stempel	Abb.	konventionell
BF 799	LK	16	
BF 820	1V	16	BF 420
BF 821	1W	16	BF 421
BF 822	1X	16	BF 422
BF 823	1Y	16	BF 423
BF 824	F8	16	BF 324
BF 840	F3	16	BF 340
BF 841	F31	16	BF 241
BF 989	M89/MA	35	BF 960
BF 990	M90	35	BF 980
BF 991	M91	35	BF 981
BF 992	M92	35	BF 982
BF 993	ME	49	
BF 994	M94	35	BF 964
BF 994 S	M93/MG	35	BF 964 S
BF 995	MB	49	
BF 996	M96	35	BF 966
BF 996 S	M95/MH	35	BF 966 S
BF 997	MK	35	
BFD 19	F2	16	BF 494
BFG 67	V3	30	BFG 65
BFG 92 A	P8	30	BFR 90 A
BFG 93 A	R8	30	BFR 91 A
BFN 16	DD	17	
BFN 17	DG	28	PNP 250 V/200 mA
BFN 18	DE	17	
BFN 19	DH	28	PNP 300 V/200 mA
BFN 20	DC	17	
BFN 21	DF	17	
BFN 22	HB	16	
BFN 23	HC	16	
BFN 24	FH	16	
BFN 25	FK	16	
BFN 26	FJ	16	
BFN 27	FL	16	
BFP 17	FB	57A	NPN 15 V/25 mA
BFP 29	FC	57A	NPN 15 V/30 mA
BFP 35 A	FD	57A	NPN 12 V/30 mA
BFP 81	FA	57A	NPN 16 V/30 mA
BFP 93A	FE	57A	NPN 12 V/50 mA
BFQ 17	FA	28	BFW 16 A
BFQ 18 A	FF	28	BFQ 34
BFQ 19	FB	28	BFR 96
BFQ 19 S	FG	17	
BFQ 29 P	KC	16	
BFQ 64	FC	17	
BFQ 67	V2	16	BFQ 65

SMD-Typ	Stempel	Abb.	konventionell
BFQ 70	70	38a	NPN 15 V/35 mA
BFQ 71	71	38a	NPN 15 V/30 mA
BFQ 72	72	38a	NPN 15 V/50 mA
BFQ 73	73	38a	NPN 15 V/75 mA
BFQ 73S	73S	38a	NPN 15 V/100 mA
BFQ 74	74	38a	NPN 16 V/35 mA
BFQ 75	75	38a	PNP 12 V/50 mA
BFQ 76	76	38a	PNP 15 V/30 mA
BFQ 77	77	38a	NPN 15 V/20 mA
BFQ 81	RA	16	
BFR 17 P	MC	136	
BFR 30	M1	33	BFW 11
BFR 31	M2	33	BFW 12
BFR 35 AP	GE	16	
BFR 53	N1	16	BFW 93
BFR 53 R	N4	27	BFW 93
BFR 92	P1	16	BFR 90
BFR 92 A	P2	16	BFR 90
BFR 92 AR	P5	27	BFR 90
BFR 92 P	GF	16	
BFR 92 R	P4	27	BFR 90
BFR 93	R1	16	BFR 91
BFR 93 A	R2	16	BFR 91
BFR 93 AR	R5	27	BFR 91
BFR 93 P	GG	16	
BFR 93 R	R4	27	BFR 91
BFR 101	M97	36	BF 256 A
BFR 101 B	M98	36	
BFS 17	E1	16	BFW 92
BFS 17 A	E2	16	BFW 92 A
BFS 20	G1	16	BF 199
BFT 25	V1	16	BFT 24
BFT 46	M3	33	BFW 13
BFT 92	W1	16	BFQ 51
BFT 93	X1	16	BFQ 23
BGX 50 A	U1	21	
BRY 61	A5	38	BRY 56
BRY 62	A51	39	BRY 39
BSD 20	M31	41	
BSD 22	M32	41	
BSR 12	B5	16	2N 2894 A
BSR 12 R	B81	27	2N 2894 A
BSR 13	U7	16	2N 2222
BSR 13 R	U71	27	2N 2222
BSR 14	U8	16	2N 2222 A

SMD-Typ	Stempel	Abb.	konventionell
BSR 15	T7	16	2N 2907
BSR 15 R	T71	27	2N 2907
BSR 16	T8	16	2N 2907 A
BSR 16 R	T81	27	2N 2907 A
BSR 17	U9	16	2N 3903
BSR 17 R	U91	27	2N 3903
BSR 17 A	U92	16	2N 3904
BSR 17 AR	U93	27	2N 3904
BSR 18	T9	16	2N 3905
BSR 18 A	T92	16	2N 3906
BSR 18 AR	T93	27	2N 3906
BSR 18 R	T91	27	2N 3905
BSR 19	U35	16	2N 5550
BSR 19 A	U36	16	2N 5551
BSR 20	T35	16	2N 5400
BSR 20 A	T36	16	2N 5401
BSR 30	BR1	28	2N 4030
BSR 31	BR2	28	2N 4031
BSR 32	BR3	28	2N 4032
BSR 33	BR4	28	2N 4033
BSR 40	AR1	28	BSX 46-10
BSR 41	AR2	28	BSX 46-16
BSR 42	AR3	28	2N 3020
BSR 43	AR4	28	2N 3019
BSR 56	M4	33	2N 4856
BSR 57	M5	33	2N 4857
BSR 58	M6	33	2N 4858
BSS 63	T3/BM	16	BSS 68
BSS 64	U3/AM	16	BSS 38
BSS 79 B	CE	16	
BSS 79 C	CF	16	
BSS 80 B	CH	16	
BSS 80 C	CJ	16	
BSS 81 B	CD	16	
BSS 81 C	CG	16	
BSS 82 B	CL	16	
BSS 82 C	CM	16	
BSS 83	M74	41	
BSS 84	SP	19	
BSS 87	KA	20	
BSS 123	SA	19	
BSS 131	SR	19	
BSS 138	SS	19	
BSS 139	ST	19	MOSF. N 250 V/40 mA
BSS 192	KB	20	MOSF. P 240 V/150 mA
BST 15	BT1	28	2N 5415
BST 16	BT2	28	2N 5416
BST 39	AT1	28	
BST 40	AT2	28	
BST 50	AS1	42	BSR 50
BST 51	AS2	42	BSR 51

SMD-Typ	Stempel	Abb.	konventionell
BST 52	AS3	42	BSR 52
BST 60	BS1	44	BSR 60
BST 61	BS2	44	BSR 61
BST 62	BS3	44	BSR 62
BST 80	KM	34	BST 70 A
BST 82	02	37	BST 72 A
BST 84	KN	34	BST 74 A
BST 86	KO	34	BST 76 A
BST 120	LM	34	
BST 122	LN	34	
BSV 52	B2	16	BSX 20
BSV 52 R	B4	27	BSX 20
BXY 42 BA-7	27	62	Diode 50 V/5 A
BYM 12-50	grün/grau	56	50 V/1A
BYM 12-100	grün/rot	56	100 V/1A
BYM 12-150	grün/pink	56	150 V/1A
BYM 12-200	grün/ orange	56	200 V/1A
BYM 12-300	grün/braun	56	300 V/1A
BYM 12-400	grün/gelb	56	400 V/1A
CSB 05		58	50 V/1A
CSB 2		58	200 V/1A
CSB 4		58	400 V/1A
CSB 6		58	600 V/1A
CSB 8		58	800 V/1A
IL 205		58a	Optok. 70 V
IL 206		58a	Optok. 70 V
IL 207		58a	Optok. 70 V
IL 211		58a	Optok. 30 V
IL 212		58a	Optok. 30 V
IL 213		58a	Optok. 30 V
IL 215		58a	Optok. 30 V
IL 216		58a	Optok. 30 V
IL 217		58A	Optok. 30 V
IL 221		58A	Optok. 30 V
IL 222		58a	Optok. 30 V
IL 223		58a	Optok. 30 V
IL 256		58a	Optok. 30 V
IRFS 1Z0		20	MOSFET
IRFS 1Z3		20	MOSFET
KSY 13	S13	25	
KTY 13 A	TA	26	
KTY 13 B	TB	26	
KTY 13 C	TC	26	
KTY 13 D	TD	26	
LG S250-DO	grün	23	
LG S259-BO	grün	24	
LG S260-DO		28a	LED grün
LG S269-DO		28a	LED grün ,5 mA
LL 101 A		43	60 V Schottky
LL 101 B		43	50 V Schottky
LL 101 C		43	40 V Schottky

SMD-Typ	Stempel	Abb.	konventionell
LL 103 A		43	40 V Schottky
LL 103 B		43	30 V Schottky
LL 103 C		43	20 V Schottky
LL 104 A		43	10 V Schottky
LL 104 B		43	5 V Schottky
LL 104 C		43	10 V Schottky
LL 104 D		43	5 V Schottky
LL 104 E		43	10 V Schottky
LL 104 F		43	5 V Schottky
LL 4148		43	1 N 4148
LL 4149		43	
LL 4150		43	
LL 4151		43	
LL 4152		43	
LL 4153		43	
LL 4154		43	
LL 4446		43	
LL 4447		43	
LL 4448		43	
LL 4449		43	
LL 4450		43	
LL 4451		43	
LL 4153		43	
LL 4454		43	
LM 78 LXXA		50	78Lxx, uA78Lxx
LM 134 M		54	LM 134
LM 136-2,5		55	LM 136
LM 185-1,2		53	LM 185
LM 234 M		54	LM 234
LM 236		55	LM 236
LM 285-1,2		53	LM 285
LM 317 LM		52	LM 317, TL 317
LM 334		54	LM 334
LM 336-2,5		55	LM 336
LM 385-1,2		53	LM 385
LRS 250-CO	rot	23	
LSS 250-DO	rot	23	
LSS 259-BO	rot	24	
LSS 260-DO		28a	LED super-rot
LSS 269-BO		28a	LED grün 7,5 mA
LUS 250-DO	rot/grün	22	
LUS 250-DO		22	LED rot/grün
LYS 250-DO	gelb	23	
LYS 259-BO	gelb	24	
LYS 260-DO		28a	LED gelb
LYS 269-BO		28a	LED gelb 7,5 mA
RM 4001 G		1	1N 4001
RM 4002 G		1	1N 4002
RM 4003 G		1	1N 4003
RM 4004 G		1	1N 4003
MMBC 1622 D6	D6	16	

SMD-Typ	Stempel	Abb.	konventionell
MMBC 1622 D7	D7	16	
MMBC 1622 D8	D8	16	
MMBC 1623 L3	L3	16	
MMBC 1623 L4	L4	16	
MMBC 1623 L5	L5	16	
MMBC 1623 L6	L6	16	
MMBC 1623 L7	L7	16	
MMBT 930	1X	16	
MMBT 2222	1B	16	
MMBT 2222 A	1P	16	
MMBT 3903	1Y	16	
MMBT 3904	1A	16	
MMBT 4123	5B	16	
MMBTA 20	1C	16	
PC 801			Optokoppler
PC 818 I			Optokoppler
SMBD 914	S5D	2	1N 914
SMBT 2222	S1B	16	
SMBT 2222 A	S1P	16	
SMBT 2907	S2B	16	
SMBT 2907 A	S2F	16	
SMBT 3904	S1A	16	
SMBT 3906	S2A	16	PNP 40 V/200 mA
SMBTA 05	S1H	16	NPN 60 V/500 mA
SMBTA 06	S1G	16	NPN 80 V/500 mA
SMBTA 13	S1M	16	NPN 30 V/300 mA
SMBTA 14	S1N	16	NPN 30 V/300 mA
SMBTA 20	S1C	16	NPN 40 V/100 mA
SMBTA 42	S1D	16	NPN 300 V/500 mA
SMBTA 43	S1E	16	NPN 20 V/500 mA
SMBTA 55	S2H	16	PNP 60 V/100 mA
SMBTA 56	S2G	16	PNP 80 V/100 mA
SMBTA 63	S2U	16	PNP DARL. 30 V/100 mA
SMBTA 64	S2V	16	PNP DARL. 30 V/100 mA
SMBTA 92	S2D	16	PNP 300 V/500 mA
SMBTA 93	S2E	16	PNP 200 V/500 mA

Z-Dioden

SMD-Typ	Stempel	Abb.	konventionell
BA 621		43	32 V Tuner-Diode
BZ 5226 B	8A	45	3,3 V
BZ 5227 B	8B	45	3,6 V
BZ 5228 B	8C	45	3,9 V
BZ 5229 B	8D	45	4,3 V
BZ 5230 B	8E	45	4,7 V
BZ 5231 B	8F	45	5,1 V
BZ 5232 B	8G	45	5,6 V
BZ 5233 B	8H	45	6,0 V
BZ 5234 B	8J	45	6,2 V
BZ 5235 B	8K	45	6,8 V
BZ 5236 B	8L	45	7,5 V
BZ 5237 B	8M	45	8,2 V
BZ 5238 B	8N	45	8,7 V
BZ 5239 B	8P	45	9,1 V
BZ 5240 B	8Q	45	10 V
BZ 5241 B	8R	45	11 V
BZ 5242 B	8S	45	12 V
BZ 5243 B	8T	45	13 V
BZ 5244 B	8U	45	14 V
BZ 5245 B	8V	45	15 V
BZ 5246 B	8W	45	16 V
BZ 5247 B	8X	45	17 V
BZ 5248 B	8Y	45	18 V
BZ 5249 B	8Z	45	19 V
BZ 5250 B	81A	45	20 V
BZ 5251 B	81B	45	22 V
BZ 5252 B	81C	45	24 V
BZ 5253 B	81D	45	25 V
BZ 5254 B	81E	45	27 V
BZ 5255 B	81F	45	28 V
BZ 5256 B	81G	45	30 V
BZ 5257 B	81H	45	33 V
BZM 85 C 2 V 7		1	1,3 W
BZM 85 C 3 V 0		1	1,3 W
BZM 85 C 3 V 3		1	1,3 W
BZM 85 C 3 V 6		1	1,3 W
BZM 85 C 3 V 9		1	1,3 W
BZM 85 C 4 V 3		1	1,3 W
BZM 85 C 4 V 7		1	1,3 W
BZM 85 C 5 V 1		1	1,3 W
BZM 85 C 5 V 6		1	1,3 W
BZM 85 C 6 V 2		1	1,3 W
BZM 85 C 6 V 8		1	1,3 W
BZM 85 C 7 V 5		1	1,3 W
BZM 85 C 8 V 2		1	1,3 W
BZM 85 C 9 V 1		1	1,3 W
BZM 85 C 10		1	1,3 W

SMD-Typ	Stempel	Abb.	konventionell
BZM 85 C 11		1	1,3 W
BZM 85 C 12		1	1,3 W
BZM 85 C 13		1	1,3 W
BZM 85 C 15		1	1,3 W
BZM 85 C 16		1	1,3 W
BZM 85 C 18		1	1,3 W
BZM 85 C 20		1	1,3 W
BZM 85 C 22		1	1,3 W
BZM 85 C 24		1	1,3 W
BZM 85 C 27		1	1,3 W
BZM 85 C 30		1	1,3 W
BZM 85 C 33		1	1,3 W
BZM 85 C 36		1	1,3 W
BZM 85 C 39		1	1,3 W
BZM 85 C 43		1	1,3 W
BZM 85 C 47		1	1,3 W
BZM 85 C 51		1	1,3 W
BZM 85 C 56		1	1,3 W
BZM 85 C 62		1	1,3 W
BZM 85 C 68		1	1,3 W
BZM 85 C 75		1	1,3 W
BZM 85 C 82		1	1,3 W
BZM 85 C 91		1	1,3 W
BZM 85 C 100		1	1,3 W
BZM 85 C 110		1	1,3 W
BZM 85 C 120		1	1,3 W
BZM 85 C 130		1	1,3 W
BZM 85 C 150		1	1,3 W
BZM 85 C 160		1	1,3 W
BZM 85 C 180		1	1,3 W
BZM 85 C 200		1	1,3 W

SMD-Typ	Stempel	Abb.	BZV 85 konventionell
BZV 49 2V4	2Y4	40	C2V4
BZV 49 2V7	2Y7	40	C2V7
BZV 49 3V0	3Y0	40	C3V0
BZV 49 3V3	3Y3	40	C3V3
BZV 49 3V6	3Y6	40	C3V6
BZV 49 3V9	3Y9	40	C3V9
BZV 49 4V3	4Y3	40	C4V3
BZV 49 4V7	4Y7	40	C4V7
BZV 49 5V1	5Y1	40	C5V1
BZV 49 5V6	5Y6	40	C5V6
BZV 49 6V2	6Y2	40	C6V2
BZV 49 6V8	6Y8	40	C6V8
BZV 49 7V5	7Y5	40	C7V5
BZV 49 8V2	8Y2	40	C8V2
BZV 49 9V1	9Y1	40	C9V1
BZV 49 10V	10Y	40	C10
BZV 49 11V	11Y	40	C11
BZV 49 12V	12Y	40	C12
BZV 49 13V	13Y	40	C13
BZV 49 15V	15Y	40	C15
BZV 49 16V	16Y	40	C16
BZV 49 18V	18Y	40	C18
BZV 49 20V	20Y	40	C20
BZV 49 22V	22Y	40	C22
BZV 49 24V	24Y	40	C24
BZV 49 27V	27Y	40	C27
BZV 49 30V	30Y	40	C30
BZV 49 33V	33Y	40	C33
BZV 49 36V	36Y	40	C36
BZV 49 39V	39Y	40	C39
BZV 49 43V	43Y	40	C43
BZV 49 47V	47Y	40	C47
BZV 49 51V	51Y	40	C51
BZV 49 56V	56Y	40	C56
BZV 49 62V	62Y	40	C62
BZV 49 68V	68Y	40	C68
BZV 49 75V	75Y	40	C75
BZV 55/C . . . 2,4 bis 75 V		43	

SMD-Typ	Stempel	Abb.	Bemerkung/ konventionell
BZV 55 C 0 V 8		43	Z-Diode 0,5 W
BZV 55 C 2 V 4		43	Z-Diode 0,5 W
BZV 55 C 2 V 7		43	Z-Diode 0,5 W
BZV 55 C 3 V 0		43	Z-Diode 0,5 W
BZV 55 C 3 V 3		43	Z-Diode 0,5 W
BZV 55 C 3 V 6		43	Z-Diode 0,5 W
BZV 55 C 3 V 9		43	Z-Diode 0,5 W
BZV 55 C 4 V 3		43	Z-Diode 0,5 W
BZV 55 C 4 V 7		43	Z-Diode 0,5 W
BZV 55 C 5 V 1		43	Z-Diode 0,5 W
BZV 55 C 5 V 6		43	Z-Diode 0,5 W
BZV 55 C 6 V 2		43	Z-Diode 0,5 W
BZV 55 C 6 V 8		43	Z-Diode 0,5 W
BZV 55 C 7 V 5		43	Z-Diode 0,5 W
BZV 55 C 8 V 2		43	Z-Diode 0,5 W
BZV 55 C 9 V 1		43	Z-Diode 0,5 W
BZV 55 C 10		43	Z-Diode 0,5 W
BZV 55 C 11		43	Z-Diode 0,5 W
BZV 55 C 12		43	Z-Diode 0,5 W
BZV 55 C 13		43	Z-Diode 0,5 W
BZV 55 C 15		43	Z-Diode 0,5 W
BZV 55 C 16		43	Z-Diode 0,5 W
BZV 55 C 18		43	Z-Diode 0,5 W
BZV 55 C 20		43	Z-Diode 0,5 W
BZV 55 C 22		43	Z-Diode 0,5 W
BZV 55 C 24		43	Z-Diode 0,5 W
BZV 55 C 27		43	Z-Diode 0,5 W
BZV 55 C 30		43	Z-Diode 0,5 W
BZV 55 C 33		43	Z-Diode 0,5 W
BZV 55 C 36		43	Z-Diode 0,5 W
BZV 55 C 39		43	Z-Diode 0,5 W
BZV 55 C 43		43	Z-Diode 0,5 W
BZV 55 C 47		43	Z-Diode 0,5 W
BZV 55 C 51		43	Z-Diode 0,5 W
BZV 55 C 56		43	Z-Diode 0,5 W
BZV 55 C 62		43	Z-Diode 0,5 W
BZV 55 C 68		43	Z-Diode 0,5 W
BZV 55 C 75		43	Z-Diode 0,5 W
BZV 55 C 82		43	Z-Diode 0,5 W
BZV 55 C 91		43	Z-Diode 0,5 W
BZV 55 C 100		43	Z-Diode 0,5 W
BZV 55 C 110		43	Z-Diode 0,5 W
BZV 55 C 120		43	Z-Diode 0,5 W
BZV 55 C 130		43	Z-Diode 0,5 W
BZV 55 C 150		43	Z-Diode 0,5 W
BZV 55 C 160		43	Z-Diode 0,5 W
BZV 55 C 180		43	Z-Diode 0,5 W
BZV 55 C 200		43	Z-Diode 0,5 W

SMD-Typ	Stempel	Abb.	BZX 79 konventionell
BZX 84 2 V 4	Z11/W3	45	C2V4 350mW
BZX 84 2 V 7	Z12/W4	45	C2V7 350mW
BZX 84 3 V 0	Z13/W5	45	C3V0 350 mW
BZX 84 3 V 3	Z14/W6	45	C3V3 350 mW
BZX 84 3 V 6	Z15/W7	45	C3V6 350 mW
BZX 84 3 V 9	Z16/W8	45	C3V9 350 mW
BZX 84 4 V 3	Z17/W9	45	C4V3 350 mW
BZX 84 4 V 7	Z1	45	C4V7 350 mW
BZX 84 5 V 1	Z2	45	C5V1 350 mW
BZX 84 5 V 6	Z3	45	C5V6 350 mW
BZX 84 6 V 2	Z4	45	C6V2 350 mW
BZX 84 6 V 8	Z5	45	C6V8 350 mW
BZX 84 7 V 5	Z6	45	C7V5 350 mW
BZX 84 8 V 2	Z7	45	C8V2 350 mW
BZX 84 9 V 1	Z8	45	C9V1 350 mW
BZX 84 10 V	Z9	45	C10 350 mW
BZX 84 11 V	Y1	45	C11 350 mW
BZX 84 12 V	Y2	45	C12 350 mW
BZX 84 13 V	Y3	45	C13 350 mW
BZX 84 15 V	Y4	45	C15 350 mW
BZX 84 16 V	Y5	45	C16 350 mW
BZX 84 18 V	Y6	45	C18 350 mW
BZX 84 20 V	Y7	45	C20 350 mW
BZX 84 22 V	Y8	45	C22 350 mW
BZX 84 24 V	Y9	45	C24 350 mW
BZX 84 27 V	Y10	45	C27 350 mW
BZX 84 30 V	Y11	45	C30 350 mW
BZX 84 33 V	Y12	45	C33 350 mW
BZX 84 36 V	Y13	45	C36 350 mW
BZX 84 39 V	Y14	45	C39 350 mW
BZX 84 43 V	Y15	45	C43 350 mW
BZX 84 47 V	Y16	45	C47 350 mW
BZX 84 51 V	Y17	45	C51 350 mW
BZX 84 56 V	Y18	45	C56 350 mW
BZX 84 62 V	Y19	45	C62 350 mW
BZX 84 68 V	Y20	45	C68 350 mW
BZX 84 75 V	Y21	45	C75 350 mW

SMD-Typ	Stempel	Abb.	konventionell
SMBT 3906	S2A	16	
SMBTA 05	S1H	16	
SMBTA 06	S1G	16	
SMBTA 13	S1M	16	
SMBTA 14	S1N	16	
SMBTA 20	S1C	16	
SMBTA 42	S1D	16	
SMBTA 43	S1E	16	
SMBTA 55	S2H	16	
SMBTA 56	S2G	16	
SMBTA 63	S2U	16	
SMBTA 64	S2V	16	
SMBTA 92	S2D	16	
SMBTA 93	S2E	16	
SM5Z 3V3 A	ZDD	57	Z-Diode 5 W
SM5Z 3V6 A	ZDE	57	Z-Diode 5 W
SM5Z 3V9 A	ZDF	57	Z-Diode 5 W
SM5Z 4V3 A	ZDG	57	Z-Diode 5 W
SM5Z 4V7 A	ZDH	57	Z-Diode 5 W
SM5Z 5V1 A	ZDK	57	Z-Diode 5 W
SM5Z 5V6 A	ZDL	57	Z-Diode 5 W
SM5Z 6V0 A	ZDM	57	Z-Diode 5 W
SM5Z 6V2 A	ZDN	57	Z-Diode 5 W
SM5Z 6V8 A	ZDP	57	Z-Diode 5 W
SM5Z 7V5 A	ZDQ	57	Z-Diode 5 W
SM5Z 8V2 A	ZDR	57	Z-Diode 5 W
SM5Z 8V7 A	ZDS	57	Z-Diode 5 W
SM5Z 9V1 A	ZDT	57	Z-Diode 5 W
SM5Z 10 A	ZVU	57	Z-Diode 5 W
SM5Z 11 A	ZDV	57	Z-Diode 5 W
SM5Z 12 A	ZDW	57	Z-Diode 5 W
SM5Z 13 A	ZDX	57	Z-Diode 5 W
SM5Z 14 A	ZDY	57	Z-Diode 5 W
SM5Z 15 A	ZDZ	57	Z-Diode 5 W
SM5Z 16 A	ZED	57	Z-Diode 5 W
SM5Z 17 A	ZEE	57	Z-Diode 5 W
SM5Z 18 A	ZEF	57	Z-Diode 5 W
SM5Z 19 A	ZEG	57	Z-Diode 5 W
SM5Z 20 A	ZEH	57	Z-Diode 5 W
SM5Z 22 A	ZEK	57	Z-Diode 5 W
SM5Z 24 A	ZEL	57	Z-Diode 5 W
SM5Z 25 A	ZEM	57	Z-Diode 5 W
SM5Z 27 A	ZEN	57	Z-Diode 5 W
SM5Z 28 A	ZDZ	57	Z-Diode 5 W
SM5Z 30 A	ZEQ	57	Z-Diode 5 W
SM5Z 33 A	ZER	57	Z-Diode 5 W
SM5Z 36 A	ZES	57	Z-Diode 5 W
SM5Z 39 A	ZET	57	Z-Diode 5 W
SM5Z 43 A	ZEU	57	Z-Diode 5 W
SM5Z 47 A	ZEV	57	Z-Diode 5 W
SM5Z 51 A	ZEW	57	Z-Diode 5 W
SM5Z 56 A	ZEX	57	Z-Diode 5 W

SMD-Typ	Stempel	Abb.	konventionell
SM5Z 60 A	ZEY	57	Z-Diode 5 W
SM5Z 62 A	ZFD	57	Z-Diode 5 W
SM5Z 68 A	ZFE	57	Z-Diode 5 W
SM5Z 75 A	ZFF	57	Z-Diode 5 W
SM5Z 82 A	ZFG	57	Z-Diode 5 W
SM5Z 87 A	ZFH	57	Z-Diode 5 W
SM5Z 91 A	ZFK	57	Z-Diode 5 W
SM5Z 100 A	ZFL	57	Z-Diode 5 W
SM5Z 110 A	ZFM	57	Z-Diode 5 W
SM5Z 120 A	ZFN	57	Z-Diode 5 W
SM5Z 130 A	ZFP	57	Z-Diode 5 W
SM5Z 140 A	ZFQ	57	Z-Diode 5 W
SM5Z 150 A	ZFR	57	Z-Diode 5 W
SM5Z 160 A	ZFS	57	Z-Diode 5 W
SM5Z 170 A	ZFT	57	Z-Diode 5 W
SM5Z 180 A	ZFU	57	Z-Diode 5 W
SM5Z 190 A	ZFV	57	Z-Diode 5 W
SM5Z 200 A	ZFW	57	Z-Diode 5 W
SOA 05	1HT	27	
SOA 06	1GT	27	
SOA 55	2HT	27	
SOA 56	2GT	27	
TEMT 2100		16	Fototransistor
TL 317 D		52	TL 317, LM 317
TM 4187 B		1	Z-Diode 1 W 110
TM 4188 B		1	Z-Diode 1 W 120
TM 4189 B		1	Z-Diode 1 W 130
TM 4190 B		1	Z-Diode 1 W 150
TM 4191 B		1	Z-Diode 1 W 160
TM 4192 B		1	Z-Diode 1 W 180
TM 4193 B		1	Z-Diode 1 W 200
TM 4728 A		1	Z-Diode 1 W 3,3
TM 4729 A		1	Z-Diode 1 W 3,6
TM 4730 A		1	Z-Diode 1 W 3,9
TM 4731 A		1	Z-Diode 1 W 4,3
TM 4732 A		1	Z-Diode 1 W 4,7
TM 4733 A		1	Z-Diode 1 W 5,1
TM 4734 A		1	Z-Diode 1 W 5,6
TM 4735 A		1	Z-Diode 1 W 6,2
TM 4736 A		1	Z-Diode 1 W 6,8
TM 4737 A		1	Z-Diode 1 W 7,5
TM 4738 A		1	Z-Diode 1 W 8,2
TM 4739 A		1	Z-Diode 1 W 9,1
TM 4740 A		1	Z-Diode 1 W 10
TM 4741 A		1	Z-Diode 1 W 11
TM 4742 A		1	Z-Diode 1 W 12
TM 4743 A		1	Z-Diode 1 W 13

SMD-Typ	Stempel	Abb.	konventionell
TM 4744 A		1	Z-Diode 1 W 15
TM 4745 A		1	Z-Diode 1 W 16
TM 4746 A		1	Z-Diode 1 W 18
TM 4747 A		1	Z-Diode 1 W 20
TM 4748 A		1	Z-Diode 1 W 22
TM 4749 A		1	Z-Diode 1 W 24
TM 4750 A		1	Z-Diode 1 W 27
TM 4751 A		1	Z-Diode 1 W 30
TM 4752 A		1	Z-Diode 1 W 33
TM 4753 A		1	Z-Diode 1 W 36
TM 4754 A		1	Z-Diode 1 W 39
TM 4755 A		1	Z-Diode 1 W 43
TM 4756 A		1	Z-Diode 1 W 47
TM 4757 A		1	Z-Diode 1 W 51
TM 4758 A		1	Z-Diode 1 W 56
TM 4759 A		1	Z-Diode 1 W 62
TM 4760 A		1	Z-Diode 1 W 68
TM 4761 A		1	Z-Diode 1 W 75
TM 4762 A		1	Z-Diode 1 W 82
TM 4763 A		1	Z-Diode 1 W 91
TM 4764 A		1	Z-Diode 1 W 100
TM BYV10-20		43	1A Schottky 20V
TM BYV10-30		43	1A Schottky 30V
TM BYV10-40		43	1A Schottky 40V
TM BYV10-60		43	1A Schottky 60V
TMM 4148		43	1N 4148
TMM 4150		43	Si-Diode
TMM 4448		43	Si-Diode
TMM BAT19		43	Schottky
TMM BAT41		43	Schottky
TMM BAT42		43	Schottky
TMM BAT43		43	Schottky
TMM BAT46		43	Schottky
TMM BAT48		43	Schottky
TMM BAV19		43	Si-Diode
TMM BAV20		43	Si-Diode
TMM BAV21		43	Si-Diode
TMM BAX12		43	Si-Diode
TMM 5221 B			Z-Diode 500 mW 2,4
TMM 5222 B			Z-Diode 500 mW 2,5
TMM 5223 B			Z-Diode 500 mW 2,7
TMM 5224 B			Z-Diode 500 mW 2,8
TMM 5225 B			Z-Diode 500 mW 3,0
TMM 5226 B			Z-Diode 500 mW 3,3

SMD-Typ	Stempel	Abb.	konventionell
TMM 5227 B			Z-Diode 500 mW 3,6
TMM 5228 B			Z-Diode 500 mW 3,9
TMM 5229 B			Z-Diode 500 mW 4,3
TMM 5230 B			Z-Diode 500 mW 4,7
TMM 5231 B			Z-Diode 500 mW 5,1
TMM 5232 B			Z-Diode 500 mW 5,6
TMM 5233 B			Z-Diode 500 mW 6,0
TMM 5234 B			Z-Diode 500 mW 6,2
TMM 5235 B			Z-Diode 500 mW 6,8
TMM 5236 B			Z-Diode 500 mW 7,5
TMM 5237 B			Z-Diode 500 mW 8,2
TMM 5238 B			Z-Diode 500 mW 8,7
TMM 5239 B			Z-Diode 500 mW 9,1
TMM 5240 B			Z-Diode 500 mW 10
TMM 5241 B			Z-Diode 500 mW 11
TMM 5242 B			Z-Diode 500 mW 12
TMM 5243 B			Z-Diode 500 mW 13
TMM 5244 B			Z-Diode 500 mW 14
TMM 5245 B			Z-Diode 500 mW 15
TMM 5246 B			Z-Diode 500 mW 16
TMM 5247 B			Z-Diode 500 mW 17
TMM 5248 B			Z-Diode 500 mW 18
TMM 5249 B			Z-Diode 500 mW 19
TMM 5250 B			Z-Diode 500 mW 20
TMM 5251 B			Z-Diode 500 mW 22
TMM 5252 B			Z-Diode 500 mW 24
TMM 5253 B			Z-Diode 500 mW 25
TMM 5254 B			Z-Diode 500 mW 27
TMM 5255 B			Z-Diode 500 mW 28
TMM 5256 B			Z-Diode 500 mW 30

SMD-Typ	Stempel	Abb.	konventionell
TMM 5257 B			Z-Diode 500 mW 33
TMM 5258 B			Z-Diode 500 mW 36
TMM 5259 B			Z-Diode 500 mW 39
TMM 5260 B			Z-Diode 500 mW 43
TMM 5261 B			Z-Diode 500 mW 47
TMM 5262 B			Z-Diode 500 mW 51
TMM 5263 B			Z-Diode 500 mW 56
TMM 5264 B			Z-Diode 500 mW 60
TMM 5265 B			Z-Diode 500 mW 62
TMM 5266 B			Z-Diode 500 mW 68
TMM 5267 B			Z-Diode 500 mW 75
TMM 5268 B			Z-Diode 500 mW 82
TMM 5269 B			Z-Diode 500 mW 87
TMM 5270 B			Z-Diode 500 mW 91
TMM 5271 B			Z-Diode 500 mW 100
TMM 5272 B			Z-Diode 500 mW 110
TMM 5273 B			Z-Diode 500 mW 120
TMM 5274 B			Z-Diode 500 mW 130
TMM 5275 B			Z-Diode 500 mW 140
TMM 5276 B			Z-Diode 500 mW 150
TMM 5277 B			Z-Diode 500 mW 160
TMM 5278 B			Z-Diode 500 mW 170
TMM 5279 B			Z-Diode 500 mW 180
TMM 5280 B			Z-Diode 500 mW 190
TMM 5281 B			Z-Diode 500 mW 200
TZM C2V4		43	2,4 V
TZM C2V7		43	2,7 V
TZM C3V0		43	3,0 V
TZM C3V3		43	3,3 V
TZM C3V6		43	3,6 V
TZM C3V9		43	3,9 V
TZM C4V3		43	4,3 V
TZM C4V7		43	4,7 V

SMD-Typ	Stempel	Abb.	konventionell
TZM C5V1		43	5,1 V
TZM C5V6		43	5,6 V
TZM C6V2		43	6,2 V
TZM C6V8		43	6,8 V
TZM C7V5		43	7,5 V
TZM C8V2		43	8,2 V
TZM C9V1		43	9,1 V
TZM C10		43	10 V
TZM C11		43	11 V
TZM C12		43	12 V
TZM C13		43	13 V
TZM C15		43	15 V
TZM C16		43	16 V
TZM C18		43	18 V
TZM C20		43	20 V
TZM C22		43	22 V
TZM C24		43	24 V
TZM C27		43	27 V
TZM C30		43	30 V
TZM C33		43	33 V
TZM C36		43	36 V
TZM C39		43	39 V
TZM C43		43	43 V
TZM C47		43	47 V
TZM C51		43	51 V
TZM C56		43	56 V
TZM C62		43	62 V
TZM C68		43	68 V
TZM C75		43	75 V
uA 78L00		50	78L00
uA 79L00		51	79L00
ZMM 5226		43	3,3 V 0,5 W
ZMM 5227		43	3,6 V 0,5 W
ZMM 5228		43	3,9 V 0,5 W
ZMM 5229		43	4,3 V 0,5 W
ZMM 5230		43	4,7 V 0,5 W
ZMM 5231		43	5,1 V 0,5 W
ZMM 5232		43	5,6 V 0,5 W
ZMM 5233		43	6,0 V 0,5 W
ZMM 5234		43	6,2 V 0,5 W
ZMM 5235		43	6,8 V 0,5 W
ZMM 5236		43	7,5 V 0,5 W
ZMM 5237		43	8,2 V 0,5 W
ZMM 5238		43	8,7 V 0,5 W
ZMM 5239		43	9,1 V 0,5 W
ZMM 5240		43	10 V 0,5 W
ZMM 5241		43	11 V 0,5 W
ZMM 5242		43	12 V 0,5 W
ZMM 5243		43	13 V 0,5 W
ZMM 5244		43	14 V 0,5 W
ZMM 5245		43	15 V 0,5 W
ZMM 5246		43	16 V 0,5 W

SMD-Typ	Stempel	Abb.	konventionell
ZMM 5247		43	17 V 0,5 W
ZMM 5248		43	18 V 0,5 W
ZMM 5249		43	19 V 0,5 W
ZMM 5250		43	20 V 0,5 W
ZMM 5251		43	22 V 0,5 W
ZMM 5252		43	24 V 0,5 W
ZMM 5253		43	25 V 0,5 W
ZMM 5254		43	27 V 0,5 W
ZMM 5255		43	28 V 0,5 W
ZMM 5256		43	30 V 0,5 W
ZMM 5257		43	33 V 0,5 W

SMD-Vergleichstabelle konventionell/SMD

Konventionell	SMD
BA 282	BA 682
BA 283	BA 683
BA 314	BAS 17
BA 389	BA 885
BA 481	BAT 17
BA 482	BA 682, BAT 18
BA 483	BA 683
BAV 10	BAS 56
BAV 18	BAV 100
BAV 19	BAS 19
BAV 20	BAS 20
BAV 21	BAS 21
BAW 62	BAS 16, BAS 32
BAW 62 (2X)	BAS 28, BAV 70, 99
BAW 62 (2X)	BAW 56
BAX 12 A	BAS 29
BAX 12 A (2X)	BAS 31, BAS 35
BB 304	BB 804
BB 405 B	BB 215
BB 405 G	BBY 31
BB 809	BBY 40
BB 909	BB 219
BC 237 A, B, C	BC 847 A, B, C
BC 238 A, B, C	BC 848 A, B, C
BC 239 A, B, C	BC 849 B, C
BC 307 A, B, C	BC 857 A, B, C
BC 308 A, B, C	BC 858 A, B, C
BC 309 A, B, C	BC 859 A, B, C
BC 327	BCX 17
BC 327-16/25/49	BC 807-16/25/40
BC 328	BCX 18
BC 328-16/25/40	BC 808-16/25/40
BC 337	BCX 19
BC 337-16/25/40	BC 817-16/25/40
BC 338	BCX 20
BC 338-16/25/40	BC 818-16/25/40
BC 368	BCX 68, BC 868
BC 369	BCX 69, BC 869
BC 413 B, C	BC 850 B, C
BC 414 B, C	BC 850 B, C
BC 415 B, C	BC 860 B, C
BC 416 B, C	BC 860 B, C
BC 516	BCV 26/BCV 28
BC 517	BCV 27/BCV 29
BC 546 A	BCV 71
BC 546 B	BCV 72
BC 546 A, B	BC 846 A, B
BC 547	BCV 61
BC 547 A	BCW 71
BC 547 B	BCW 72
BC 547 C	BCW 81
BC 547 A, B, C	BC 847 A, B, C
BC 548 A	BCW 31, BCW 60 A

Konventionell	SMD
BC 548 B	BCW 32, BCW 60 B
BC 548 C	BCW 33, BCW 60 D
BC 548 A, B, C	BC 848 A, B, C
BC 549 B	BCF 32
BC 549 C	BCF 33
BC 549 B, C	BC 849 B, C
BC 550 C	BCF 81
BC 556 A	BCW 89
BC 556 A, B	BC 856 A, B
BC 557	BCV 62
BC 557 A	BCW 69
BC 557 B	BCW 70
BC 557 C	BCX 71K
BC 557 A, B, C	BC 857 A, B, C
BC 558 A	BCW 29, BCW 61 A
BC 558 B	BCW 30, BCW 61 B
BC 558 C	BCW 61 D
BC 558 A, B, C	BC 858 A, B, C
BV 559 A	BCF 29
BC 559 B	BCF 30
BC 559 A, B, C	BC 859 A, B, C
BC 560 B	BCF 70
BC 560 B, C	BC 860 B, C
BC 617	BCV 47/BCV 49
BC 619	BCV 47/BCV 49
BC 635	BCX 54
BC 636	BCX 51
BC 637	BCX 55
BC 638	BCX 52
BC 639	BCX 56
BC 640	BCX 53
BCX 22	BCX 41
BCX 23	BCX 42
BCX 58 VII, VIII, IX, X	BCW 60 A, B, C, D
BCX 59 VII	BCX 70 G, H, J, K
BCX 78 VIII	BCW 61 A, B, C, D
BCX 79 VII	BCX 71 G, H, J, K
BCY 59 VIII	BCX 70 G, H, J, K
BCY 78 VIII	BCW 61 A, B, C, D
BCY 79 VII	BCX 71 G, H, J, K
BF 199	BF 599, BFS 20
BF 240	BF 840
BF 241	BF 841
BF 254	BF 554
BF 324	BF 824
BF 410 A	BF 510
BF 410 B	BF 511
BF 410 C	BF 512
BF 410 D	BF 513
BF 420	BFN 20, BF 620, 820
BF 420 A	SMBTA 42/BFN 18
BF 420 L	SMBTA 42/BFN 18
BF 421	BFN 21, BF 621, 821

Konventionell	SMD
BF 421 A	SMBTA 92/BFN 19
BF 421 L	SMBTA 92/BFN 19
BF 422	BF 622, BF 822
BF 422 A	SMBTA 43/BFN 16
BF 422 L	SMBTA 43/BFN 16
BF 423	BF 623, BF 823
BF 423 A	SMBTA 93/BFN 17
BF 423 L	SMBTA 93/BFN 17
BF 450	BF 550
BF 494	BFS 19
BF 606 A	BF 660
BF 763	BF 517
BF 936	BF 536
BF 946 S	BF 994
BF 946 S	BF 994 S
BF 959	BF 799
BF 960	BF 989
BF 961	BF 995
BF 963	BF 993
BF 964	BF 994
BF 965	BF 997
BF 966	BF 996
BF 966 S	BF 996 S
BF 967	BF 767
BF 970	BF 569, BF 569
BF 979	BF 579
BF 979 S	BF 579
BF 980	BF 990
BF 981	BF 991
BF 982	BF 992
BF 996 S	BF 996 S
BFG 65	BFG 67
BFP 22	BFN 16/24
BFP 23	BFN 17/25
BFP 25	BFN 18/26
BFP 26	BFN 19/27
BFQ 23	BFT 93
BFQ 34	BFQ 18 A
BFQ 51	BFT 92
BFQ 65	BFQ 67
BFQ 69	BFQ 81/BFQ 74
BFR 15 A	BFQ 71
BFR 43 A	BFR 35 AP
BFR 90	BFR 92 P
BFR 90 A	BFR 92 A
BFR 91 A	BFR 93 A/BFP 93
BFR 96	BFQ 19 P
BFR 96 S	BFQ 19 S
BFS 55 A	BFQ 72
BFT 24	BFT 25
BFT 65	BFQ 72
BFT 66	BFQ 29 P
BFT 97	BFQ 29 P/BFQ 70

Konventionell	SMD
BFT 98 T	BFQ 64
BFW 11	BFR 30
BFW 12	BFR 31
BFW 13	BFT 46
BFW 16 A	BFQ 17 P
BFW 92	BFS 17/BFP 17
BFW 92 A	BFS 17 A
BFX 89	BFS 17
BFY 90	BFS 17 P P
BRY 39	BRY 62
BRY 56	BRY 61
BSR 50	BST 50
BSR 51	BST 51
BSR 52	BST 52
BSR 60	BST 60
BSR 61	BST 61
BSR 62	BST 62
BSS 38	BSS 64
BSS 68	BSS 63
BSS 89	BSS 87
BSS 91	BSS 87
BSS 98	BSS 138
BSS 100	BSS 123
BSS 101	BSS 131
BSS 110	BSS 84
BST 70 A	BST 80
BST 72 A	BST 82
BST 74 A	BST 84
BST 76 A	BST 86
BSX 20	BSV 52
BSX 46-6	BSR 40
BSX 46-16	BSR 41
BZV 85 Serie	BZV 89
BZX 49 Serie	BZX 84
MPS 2222/A	SMBTA 2222/A
MPS 2907/A	SMBTA 2907/A
MPSA 05	SMBTA 05
MPSA 06	SMBTA 06
MPSA 20	SMBTA 20
MPSA 42	SMBTA 42
MPSA 43	SMBTA 55
MPSA 56	SMBTA 56
MPSA 92	SMBTA 92
MPSA 93	SMBTA 93
1N 914	SMBD 914
1N 4001	BYM 10-50
1N 4002	BYM 10-100
1N 4003	BYM 10-200
1N 4004	BYM 10-400
1N 4005	BYM 10-600
1N 4006	BYM 10-800
1N 4007	BYM 10-1000
1N 4148	BAL 74/BAL 99 BAR 99/LL 4448

Konventionell	SMD
1N 4148 (2X)	BAV 70/BAV 74 BAV 99/BAW 56
2N 2222	BSS 81C/BSR 13
2N 2222A	BSS 79/BSR 14
2N 2894 A	BSR 12
SN 2907	BSS 80C/BSR 15
2N 2907 A	BSS 82 C/BSR 16
2N 3019	BSR 43
2N 3020	BSR 42
2N 3903	BSR 17
2N 3904	BSR 17A
2N 3905	BSR 18
2N 3906	BSR 18 A
2N 4030	BSR 30
2N 4031	BSR 31
2N 4032	BSR 32
2N 4033	BSR 33
2N 4856	BSR 56
2N 4857	BSR 57
2N 4858	BSR 58
2N 5400	BSR 20

Konventionell	SMD
2N 5401	BSR 20 A
2N 5415	BST 15
2N 5416	BST 16
2N 5550	BSR 19
2N 5551	BSR 19 A
LEDs	
LG 3160	LG S250
LG 5160	LG S250
LR 3160	LR S250
LR 5160	LR S250
LS 3160	LS S250
LS 5160	LS S250
LU 5350	LU S250
LY 3160	LY S250
LY 5160	LY S250
Sensoren	
KSY 10	KSY 13
KTY 10	KTY 13 A, B

Codeschlüssel

Erläuterung

Stempelcode, Indizes „R“ bei Transistoren

SMD-Bauteile mit gleicher Code-Stempelung müssen nicht unbedingt identisch sein. Weisen SMD-Bauteile bei gleichem Stempelcode eine unterschiedliche Bauform auf, sind die technischen Daten nicht identisch:
z. B. Codierung „AA“ (Gehäuse SOT 23) = BCW 60 A
Codierung „AA“ (Gehäuse SOT 89) = BCX 51

Das Indizes „R“ = reverse sagt aus, daß gegenüber dem Standardtyp die Anschlußbelegung (meist B und E) vertauscht sind, womit sich bei einer Kombination von „normalen“ und „R“-Typen beim Erstellen des Layouts oft ein günstigerer Leiterbahnverlauf ergibt.

Stempel	Typ	Gehäuse
AA	BCW 60 A	SOT 23
AA	BCX 51	SOT 89
AB	BCX 51-6	SOT 89
AB	BCW 60 B	SOT 23
AC	BCX 51-10	SOT 89
AC	BCW 60 C	SOT 23
AD	BCX 51-16	SOT 89
AD	BCW 60 D	SOT 23
AE	BCX 52	SOT 89
AF	BCX 52-6	SOT 89
AF	BCW 60 FF	SOT 23
AG	BCX 52-10	SOT 89
AG	BCX 70 G	SOT 23
AH	BCX 53	SOT 89
AH	BCX 70 H	SOT 23
AJ	BCX 53-6	SOT 89
AJ	BCX 70 J	SOT 23
AK	BCX 53-10	SOT 89
AK	BCX 70 K	SOT 23
AL	BCX 53-16	SOT 89
AM	BCX 52-16	SOT 89
AM	BSS 64	SOT 23
AN	BCW 60 FN	SOT 23
AO	BCW 60 AR	SOT 23
AP	BCW 60 BR	SOT 23
AR	BCW 60 CR	SOT 23
AS	BCW 60 DR	SOT 23
AU	BCX 70 GR	SOT 23
AW	BCX 70 HR	SOT 23
AX	BCX 70 JR	SOT 23
AY	BCX 70 KR	SOT 23
A1	BAW 56	SOT 23
A2	BAT 18	SOT 23
A3	BAT 17	SOT 23
A4	BAV 70	SOT 23
A5	BRY 61	SOT 23
A6	BAS 16	SOT 23
A7	BAV 99	SOT 23
A8	BAS 19	SOT 23
A51	BRY 62	SOT 143
A61	BAS 28	SOT 143
A81	BAS 20	SOT 22
A82	BAS 21	SOT 23
A91	BAS 17	SOT 23
AR1	BSR 40	SOT 89
AR2	BSR 41	SOT 89
AR3	BSR 42	SOT 89
AR4	BSR 43	SOT 89
AS1	BST 50	SOT 89
AS2	BST 51	SOT 89
AS3	BST 52	SOT 89
AT1	BST 39	SOT 89
AT2	BST 40	SOT 89

Stempel	Typ	Gehäuse
B2	BSV 52	SOT 23
B4	BSV 52 R	SOT 23
B5	BSR 12	SOT 23
B81	BSR 12 R	SOT 23
BA	BCW 61 A	SOT 23
BA	BCX 54	SOT 89
BB	BCW 61 B	SOT 23
BB	BCX 54-6	SOT 89
BC	BCW 61 C	SOT 23
BC	BCX 54-10	SOT 89
BD	BCW 54-16	SOT 89
BD	BCW 61 D	SOT 23
BE	BCW 55	SOT 89
BF	BCX 55-6	SOT 89
BF	BCW 61 FF	SOT 23
BG	BCX 55-10	SOT 89
BG	BCX 71 G	SOT 23
BH	BCX 56	SOT 89
BH	BCX 71 H	SOT 23
BJ	BCX 56-6	SOT 89
BJ	BCX 71 J	SOT 23
BK	BCX 56-10	SOT 89
BK	BCX 71 K	SOT 23
BL	BCX 56-16	SOT 89
BM	BCX 56-16	SOT 89
BM	BSS 63	SOT 23
BN	BCW 61 FN	SOT 23
BO	BCW 61 AR	SOT 23
BP	BCW 61 BR	SOT 23
BR	BCW 61 CR	SOT 23
BS	BCW 61 DR	SOT 23
BU	BCX 71 GR	SOT 23
BW	BCX 71 HR	SOT 23
BX	BCX 71 JR	SOT 23
BY	BCX 71 K	SOT 23
BR1	BSR 30	SOT 89
BR2	BSR 31	SOT 89
BR3	BSR 32	SOT 89
BR4	BSR 33	SOT 89
BS1	BST 60	SOT 89
BS2	BST 61	SOT 89
BS3	BST 62	SOT 89
BT1	BST 15	SOT 89
BT2	BST 16	SOT 89
C1	BCW 29	SOT 23
C2	BCW 30	SOT 23
C4	BCW 29 R	SOT 23
C5	BCW 30 R	SOT 23
C7	BCF 29	SOT 23
C77	BCF 29 R	SOT 23
C8	BCF 30	SOT 23
C9	BCF 30 R	SOT 23
C91	BCV 62	SOT 143

Stempel	Typ	Gehäuse
C92	BCV 62 A	SOT 143
C93	BCV 62 B	SOT 143
C94	BCV 62 C	SOT 143
CA	BCX 68	SOT 89
CAC	BCX 868	SOT 89
CB	BCX 68-10	SOT 89
CC	BCX 68-16	SOT 89
CC	BF 554	SOT 23
CD	BCX 68-25	SOT 89
CD	BSS 81 B	SOT 23
CE	BCX 69	SOT 89
CE	BSS 79 B	SOT 89
CEC	BC 869	SOT 89
CF	BCX 69-10	SOT 89
CF	BSS 79 C	SOT 23
CG	BCX 69-16	SOT 89
CG	BSS 81 C	SOT 23
CH	BCX 69-25	SOT 89
CH	BSS 80 B	SOT 23
CJ	BSS 80 C	SOT 23
CL	BSS 82 B	SOT 23
CM	BSS 82 C	SOT 23
D1	BCW 31	SOT 23
D2	BCW 32	SOT 23
D3	BCW 33	SOT 23
D4	BCW 31 R	SOT 23
D5	BCW 32 R	SOT 23
D6	BCW 33 R	SOT 23
D7	BCF 32	SOT 23
D77	BCF 32 R	SOT 23
D8	BCF 33	SOT 23
D81	BCF 33 R	SOT 23
D91	BCV 61	SOT 143
D92	BCV 61 A	SOT 143
D93	BCV 61 B	SOT 143
D94	BCV 61 C	SOT 143
DA	BF 622	SOT 89
DA	BCW 67 A	SOT 23
DB	BCW 67 B	SOT 89
DB	BF 623	SOT 89
DC	BCW 67 C	SOT 23
DC	BF 620	SOT 89
DC	BFN 20	SOT 89
DD	BFN 16	SOT 89
DE	BFN 18	SOT 89
DF	BCW 68 F	SOT 23
DF	BF 621	SOT 89
DF	BFN 21	SOT 89
DG	BCW 86 G	SOT 23
DG	BFN 17	SOT 89
DH	BCW 68 H	SOT 23
DH	BFN 19	SOT 89
DK	BCX 42	SOT 23

Stempel	Typ	Gehäuse
DT	BCW 67 AR	SOT 23
DU	BCW 67 BR	SOT 23
DW	BCW 67 CR	SOT 23
DX	BCW 68 FR	SOT 23
DZ	BCW 68 GR	SOT 23
E1	BFS 17	SOT 23
E2	BFS 17 A	SOT 23
E4	BFS 17 R	SOT 23
E5	BFS 17 AR	SOT 23
EA	BCW 65 A	SOT 23
EB	BCW 65 B	SOT 23
EC	BCW 65 C	SOT 23
ED	BCV 28	SOT 89
EE	BCV 48	SOT 89
EF	BCV 29	SOT 89
EF	BCW 66 F	SOT 23
EG	BCV 49	SOT 89
EG	BCW 66 G	SOT 23
EH	BCW 66 H	SOT 23
EK	BCX 41	SOT 23
ET	BCW 65 AR	SOT 23
EU	BCW 65 BR	SOT 23
EW	BCW 65 CR	SOT 23
EX	BCW 66 FR	SOT 23
EY	BCW 66 GR	SOT 23
EZ	BCW 66 HR	SOT 23
F2	BFS 19	SOT 23
F3	BF 840	SOT 23
F31	BF 841	SOT 23
F5	BFS 19 R	SOT 23
F6	BFQ 19 S	SOT 89
F8	BF 824	SOT 23
FA	BFP 81	SOT 143
FA	BFQ 17	SOT 89
FB	BFP 17	SOT 143
FB	BFQ 19	SOT 89
FC	BFP 29	SOT 143
FC	BFQ 64	SOT 89
FD	BFP 35A	SOT 143
FD	BFQ 17 P	SOT 89
FD	BCV 26	SOT 23
FE	BFP 93A	SOT 143
FE	BFQ 19 P	SOT 89
FE	BCV 46	SOT 23
FF	BCV 27	SOT 23
FF	BFQ 18 A	SOT 89
FG	BCV 47	SOT 23
FH	BFN 24	SOT 23
FJ	BFN 26	SOT 23
FK	BFN 25	SOT 23
FL	BFN 27	SOT 23
G1	BFS 20	SOT 23
G2	BF 550	SOT 23

Stempel	Typ	Gehäuse
G3	BF 536	SOT 23
G4	BFS 20 B	SOT 23
G5	BF 550 R	SOT 23
G6	BF 569	SOT 23
G61	BF 569 R	SOT 23
G7	BF 579	SOT 23
G8	BF 660	SOT 23
G81	BF 660 R	SOT 23
G9	BF 767	SOT 23
GA	BAW 78 A	SOT 89
GB	BAW 78 B	SOT 89
GC	BAW 78 C	SOT 89
GD	BAW 78 D	SOT 89
GE	BAW 79 A	SOT 89
GE	BFR 35 AP	SOT 23
GF	BAW 79 B	SOT 89
GF	BFR 92 P	SOT 23
GG	BAW 79 C	SOR 89
GG	BFR 93 P	SOT 23
GH	BAW 79 D	SOT 89
H1	BCW 69	SOT 23
H2	BCW 70	SOT 23
H3	BCW 89	SOT 23
H31	BCW 89 R	SOT 23
H4	BCW 69 R	SOT 23
H5	BCW 70 R	SOT 23
H7	BCF 70	SOT 23
H71	BCF 70 R	SOT 23
HB	BFN 22	SOT 23
HC	BFN 23	SOT 23
JA	BAV 74	SOT 23
JB	BAR 74	SOT 23
JC	BAL 74	SOT 23
JD	BAW 56	SOT 23
JE	BAV 99	SOT 23
JF	BAL 99	SOT 23
JG	BAR 99	SOT 23
JJ	BAV 70	SOT 23
J 01	SO 2906 R	
J 03	SO 2907 AR	
J 05	SO 2907 R	
J 12	SO 2906 AR	
J 32	SO 5400 R	
J 33	SO 5401 R	
J 39	SO 692 R	
JP	BAW 101	SOT 143
JP	BAS 19	SOT 23
JR	BAS 20	SOT 23
JS	BAS 21	SOT 23
JT	BAS 28	SOT 143
K1	BCW 71	SOT 23
K2	BCW 72	SOT 23
K3	BCW 81	SOT 23

Stempel	Typ	Gehäuse
K31	BCW 81 R	SOT 23
K4	BCW 71 R	SOT 23
K5	BCW 72 R	SOT 23
K7	BCV 71	SOT 23
K8	BCV 72	SOT 23
K9	BCF 81	SOT 23
K91	BCF 81 R	SOT 23
KA	BSS 87	SOT 89
KB	BSS 192	SOT 89
KC	BFQ 29 P	SOT 23
KM	BST 80	SOT 89
KN	BST 84	SOT 89
KO	BST 86	SOT 89
L6	BAR 17	SOT 23
L7	BAR 14-1	SOT 23
L8	BAR 15-1	SOT 23
L9	BAR 16-1	SOT 23
L20	BAS 29	SOT 23
L21	BAS 31	SOT 23
L22	BAS 32	SOD 80
L22	BAS 35	SOT 23
L51	BAS 56	SOT 143
LA	BF 550	SOT 23
LE	BF 660	SOT 23
LH	BF 569	SOT 23
LJ	BF 579	SOT 23
LK	BF 799	SOT 23
LM	BST 120	SOT 89
LN	BST 122	SOT 89
LO	BF 775	SOT 23
LR	BF 517	SOT 23
LS	BF 770 A	SOT 23
M1	BFR 30	SOT 23
M2	BFR 31	SOT 23
M3	BFR 46	SOT 23
M31	BSD 20	SOT 143
M32	BSD 22	SOT 143
M4	BSR 56	SOT 23
M5	BSR 57	SOT 23
M6	BSR 58	SOT 23
M62	PMBF 4391	
M63	PMBF 4392	
M64	PMBF 4393	
M74	BSS 83	SOT 143
M89	BF 989	SOT 143
M90	BF 990	SOT 143
M91	BF 991	SOT 143
M92	BF 992	SOT 143
M93	BF 994 S	SOT 143
M94	BF 994	SOT 143
M95	BF 996 S	SOT 143
M96	BF 996	SOT 143
M97	BFR 101 A	SOT 143

Stempel	Typ	Gehäuse
M98	BFR 101 B	SOT 143
MA	BF 989	SOT 143
MB	BF 995	SOT 143
MC	BFS 17 P	SOT 23
MD	BF 996	SOT 143
ME	BF 993	SOT 143
MG	BF 994 S	SOT 143
MH	BF 996 S	SOT 143
MK	BF 997	SOT 143
N05	SO 2484	
N08	SO 930	
N1	BFR 53	SOT 23
N4	BFR 53 R	SOT 23
N11	SO 2369	
N12	SO 2221	
N13	SO 2222	
N18	SO 1711	
N20	SO 2222 A	
N27	SO 1893	
N54	SO 2221 A	
N71	SO 3904	
N72	SO 3904	
N79	SO 5550	
N80	SO 5551	
N81	SO 2369 A	
N91	SO 642	
N94	SO 517	
NB	BF 599	SOT 23
O1	BST 82	SOT 23
O12	SO 2221 R	
O13	SO 2222 R	
O20	SO 2222 AR	
O27	SO 1893 R	
O54	SO 2221 AR	
P01	SO 2906	
P03	SO 2907 A	
P05	SO 2907	
P06	SO 2894	
P1	BFR 92	SOT 23
P2	BFR 92 A	SOT 23
P4	BFR 92 R	SOT 23
P5	BFR 92 AR	SOT 23
P8	BFG 92 A	SOT 23
P12	SO 2906 A	
P25	SO 3906	
P26	SO 3905	
P32	SO 5400	
P33	SO 5401	
P39	SO 692	
PA	BA 885	SOT 23
R1	BFR 93	SOT 23
R2	BFR 93 A	SOT 23
R4	BFR 93 R	SOT 23

Stempel	Typ	Gehäuse
R5	BFR 93 AR	SOT 23
R8	BFG 93 A	SOT 23
RA	BF 772	SOT 143
RA	BFQ 81	SOT 23
RB	BFQ 771	SOT 23
S1	BBY 31	SOT 23
S1A	SMBT 3904	SOT 23
S1B	SMBT 2222	SOT 23
S1C	SMBTA 20	SOT 23
S1D	SMBTA 42	SOT 23
S1E	SMBTA 43	SOT 23
S1G	SMBTA 06	SOT 23
S1H	SMBTA 05	SOT 23
S1M	SMBTA 13	SOT 23
S1N	SMBTA 14	SOT 23
S1P	SMBT 2222 A	SOT 23
S2	BBY 40	SOT 23
S2A	SMBTA 3906	SOT 23
S2B	SMBT 2907	SOT 23
S2D	SMBTA 92	SOT 23
S2E	SMBTA 93	SOT 23
S2F	SMBT 2907 A	SOT 23
S2G	SMBTA 56	SOT 23
S2H	SMBTA 55	SOT 23
S2U	SMBTA 63	SOT 23
S2V	SMBTA 64	SOT 23
S5D	SMBD 914	SOT 23
S6	BF 510	SOT 23
S7	BF 511	SOT 23
S8	BF 512	SOT 23
S9	BF 513	SOT 23
S12	BBY 39	SOT 233
S13	KSY 13	SOT 143
SA	BSS 123	SOT 23
SF	BB 804	SOT 23
SH	BB 814	SOT 23
SP	BSS 84	SOT 23
SR	BSS 131	SOT 23
SS	BSS 138	SOT 23
ST	BSS 139	SOT 23
T1	BCX 17	SOT 23
T2	BCX 18	SOT 23
T3	BSS 63	SOT 23
T35	BSR 20	SOT 23
T36	BSR 20 A	SOT 23
T4	BCX 17 R	SOT 23
T5	BCX 18 R	SOT 23
T6	BSS 63 R	SOT 23
T7	BSR 15	SOT 23
T71	BSR 15 R	SOT 23
T8	BSR 16	SOT 23
T81	BSR 16 R	SOT 23
T9	BSR 18	SOT 23

Stempel	Typ	Gehäuse
T91	BSR 18	SOT 23
T92	BSR 18 A	SOT 23
T93	BSR 18 A	SOT 23
TA	KTY 13 A	SOT 23
TB	KTY 13 B	SOT 23
TC	KTY 13 C	SOT 23
TD	KTY 13 D	SOT 23
U1	BCX 19	SOT 23
U1	BGX 50 A	SOT 143
U2	BCX 20	SOT 23
U3	BSS 64	SOT 23
U35	BSR 19	SOT 23
U36	BSR 19 A	SOT 23
U4	BCX 19 R	SOT 23
U5	BCX 20 R	SOT 23
U6	BSS 64 R	SOT 23
U7	BSR 13	SOT 23
U71	BSR 13 R	SOT 23
U8	BSR 14	SOT 23
U81	BSR 14 R	SOT 23
U9	BSR 17	SOT 23
U91	BSR 17	SOT 23
U92	BSR 17 A	SOT 23
U93	BSR 17 A	SOT 23
UF	BB 801	SOT 23
V1	BFT 25	SOT 23
V2	BFQ 67	SOT 23
V3	BFG 67	SOT 23
V4	BFT 25 R	SOT 23
W1	BFT 92	SOT 23
W3	BZX 84 2V4	SOT 23
W4	BFT 92 B	SOT 23
W4	BZX 84 2V7	SOT 23
W5	BZX 84 3V0	SOT 23
W6	BZX 84 3V3	SOT 23
W7	BZX 84 3V6	SOT 23
W8	BZX 84 3V9	SOT 23
W9	BZX 84 4V3	SOT 23
X1	BFT 93	SOT 23
X4	BFT 93 R	SOT 23
Y1	BZX 24-C11	SOT 23
Y3	BZX 84-C13	SOT 23
Y4	BZX 84-C15	SOT 23
Y5	BZX 84-C16	SOT 23
Y6	BZX 84-C18	SOT 23
Y7	BZX 84-C20	SOT 23
Y8	BZX 84-C22	SOT 23
Y9	BZX 84-C24	SOT 23
Y10	BZX 84-C27	SOT 23
Y11	BZX 84-C30	SOT 23
Y12	BZX 84-C33	SOT 23
Y13	BZX 84-C36	SOT 23
Y14	BZX 84-C39	SOT 23

Stempel	Typ	Gehäuse
Y15	BZX 84-C43	SOT 23
Y16	BZX 84-C47	SOT 23
Y17	BZX 84-C51	SOT 23
Y18	BZX 84-C56	SOT 23
Y19	BZX 84-C62	SOT 23
7Y2	BZX 84-C12	SOT 23
Y20	BCX 84-C68	SOT 23
Y21	BZX 84-C75	SOT 23
ZDD	SM5Z 3V3A	SOD 15
Z1	BZX 84-C4V	SOT 23
Z2	BZX 84-C5V3	SOT 23
Z3	BZX 84-C5V1	SOT 23
Z4	BZX 84-C6V6	SOT 23
Z5	BZX 84-C6V2	SOT 23
Z6	BZX 84-C7V8	SOT 23
Z7	BZX 84-C8V5	SOT 23
Z8	BZX 84-C9V2	SOT 23
Z9	BZX 84-C10	SOT 23
Z11	BZX 84-C2V7	SOT 23
Z12	BZX 84-C2V4	SOT 23
Z13	BZX 84-C3V7	SOT 23
Z14	BZX 84-C3V0	SOT 23
Z15	BZX 84-C3V3	SOT 23
Z16	BZX 84-C3V6	SOT 23
Z17	BZX 84-C4V9	SOT 23
011	SO 2369 R	
081	SO 2369 AR	
1A	BC 846 A	SOT 23
1AR	BC 846 AR	SOT 23
1B	BC 847 B	SOT 23
1BR	BC 846 BR	SOT 23
1E	BC 847 A	SOT 23
1ER	BC 847 AR	SOT 23
1F	BC 847 B	SOT 23
1FR	BC 847 R	SOT 23
1G	BC 847 C	SOT 23
1GR	BC 847 CR	SOT 23
1GT	SOA 06	SOT 23
1HT	SOA 05	SOT 23
1J	BC 848 A	SOT 23
1JR	BC 848 AR	SOT 23
1K	BC 848 B	SOT 23
1KR	BC 848 BR	SOT 23
1L	BC 848 C	SOT 23
1LR	BC 848 CR	SOT 23
1V	BF 820	SOT 23
1W	BF 821	SOT 23
1X	BF 822	SOT 23
1Y	BF 823	SOT 23
2B	BC 849 B	SOT 23
2BR	BC 849 BR	SOT 23
2C	BC 849 C	SOT 23
2CR	BC 849 CR	SOT 23

Stempel	Typ	Gehäuse
2F	BC 850 B	SOT 23
2FR	BC 850 BR	SOT 23
2G	BC 850 C	SOT 23
2GR	BC 850 CR	SOT 23
2GT	SOA 56	SOT 23
2HT	SOA 55	SOT 23
2X	SO 4401	
2Y4	BZV 49-C2V4	SOT 89
2Y7	BZV 49-C2V7	SOT 89
3A	BC 856 A	SOT 23
3AR	BC 856 AR	SOT 23
3B	BC 856 B	SOT 23
3BR	BC 856 BR	SOT 23
3E	BC 857 A	SOT 23
3ER	BC 857 AR	SOT 23
3F	BC 857 B	SOT 23
3FR	BC 857 BR	SOT 23
3G	BC 857 C	SOT 23
3GR	BC 857 CR	SOT 23
3J	BC 858 A	SOT 23
3JR	BC 858 AR	SOT 23
3K	BC 858 B	SOT 23
3KR	BC 858 BR	SOT 23
3L	BC 858 C	SOT 23
3LR	BC 858 CR	SOT 23
3Y0	BZV 49-C3V0	SOT 89
3Y3	BZV 49-C3V3	SOT 89
3Y6	BZV 49-C3V6	SOT 89
3Y9	BZV 49-C3V9	SOT 89
4A	BC 859 A	SOT 23
4AR	BC 859 AR	SOT 23
4B	BC 859 B	SOT 23
4BR	BC 859 BR	SOT 23
4C	BC 859 C	SOT 23
4CR	BC 859 CR	SOT 23
4E	BC 849 B	SOT 23
4F	BC 860 B	SOT 23
4ER	BC 860 AR	SOT 23
4FR	BC 860 BR	SOT 23
4G	BC 860 C	SOT 23
4GR	BC 860 CR	SOT 23
4Y3	BZV 49-C4V3	SOT 89
4Y7	BZV 49-C4V7	SOT 89
5A	BC 807-16	SOT 23
5AR	BC 807-16R	SOT 23
5B	BC 807-25	SOT 23
5BR	BC 807-25R	SOT 23
5C	BC 807-40	SOT 23
5CR	BC 807-40R	SOT 23
5E	BC 808-16	SOT 23
5ER	BC 808-16R	SOT 23
5F	BC 808-16/25	SOT 23
5FR	BC 808-25R	SOT 23

Stempel	Typ	Gehäuse
5G	BC 808-25/40	SOT 23
5GR	BC 808-40R	SOT 23
5H	BC 808-40	SOT 23
5Y1	BZV 49-C5V1	SOT 89
5Y6	BZV 49-C5V6	SOT 89
6A	BC 817-16	SOT 23
6AR	BC 817-16R	SOT 23
6B	BC 817-25	SOT 23
6BR	BC 817-25R	SOT 23
6C	BC 817-40	SOT 23
6CR	BC 817-40R	SOT 23
6E	BC 818-16	SOT 23
6ER	BC 818-16R	SOT 23
6F	BC 818-16/25	SOT 23
6FR	BC 818-25R	SOT 23
6G	BC 818-25/40	SOT 23
6GR	BC 818-40R	SOT 23
6H	BC 818-40	SOT 23
6Y2	BZV 49-C6V2	SOT 89
6Y8	BZV 49-C6V8	SOT 89
7Y5	BZV 49-C7V5	SOT 89
8A	BZ 5226 B	SOT 23
8B	BZ 5227 B	SOT 23
8C	BZ 5228 B	SOT 23
8D	BZ 5229 B	SOT 23
8E	BZ 5230 B	SOT 23
8F	BZ 5231 B	SOT 23
8G	BZ 5232 B	SOT 23
8H	BZ 5233 B	SOT 23
8J	BZ 5234 B	SOT 23
8K	BZ 5235 B	SOT 23
8L	BZ 5236 B	SOT 23
8M	BZ 5237 B	SOT 23
8N	BZ 5238 B	SOT 23
8P	BZ 5239 B	SOT 23
8Q	BZ 5240 B	SOT 23
8R	BZ 5241 B	SOT 23
8S	BZ 5242 B	SOT 23
8T	BZ 5243 B	SOT 23
8U	BZ 5244 B	SOT 23
8V	BZ 5245 B	SOT 23
8W	BZ 5246 B	SOT 23
8X	BZ 5247 B	SOT 23
8Y	BZ 5248 B	SOT 23
8Z	BZ 5249 B	SOT 23
81A	BZ 5250 B	SOT 23
81B	BZ 5251 B	SOT 23
81C	BZ 5252 B	SOT 23
81D	BZ 5253 B	SOT 23
81E	BZ 5254 B	SOT 23
81F	BZ 5255 B	SOT 23
81G	BZ 5256 B	SOT 23
81H	BZ 5257 B	SOT 23

Stempel	Typ	Gehäuse
8Y2	BZV 49-C8V2	SOT 89
9Y1	BZV 49-C9V1	SOT 89
10Y	BZV 49-C10	SOT 89
11Y	BZV 49-C11	SOT 89
12Y	BZV 49-C12	SOT 89
13Y	BZV 49-C13	SOT 89
15Y	BZV 49-C15	SOT 89
16Y	BZV 49-C16	SOT 89
18Y	BZV 49-C18	SOT 89
20Y	BZV 49-C20	SOT 89
22Y	BZV 49-C22	SOT 89
24Y	BZV 49-C24	SOT 89
27Y	BZV 49-C27	SOT 89
30Y	BZV 49-C30	SOT 89
33Y	BZV 49-C33	SOT 89
36Y	BZV 49-C36	SOT 89
39Y	BZV 49-C39	SOT 89
43Y	BZV 49-C43	SOT 89
47Y	BZV 49-C47	SOT 89
51Y	BZV 49-C51	SOT 89
56Y	BZV 49-C56	SOT 89
43	BAS 40	SOT 23
44	BAS 40-04	SOT 23
45	BAS 40-05	SOT 23
46	BAS 40-06	SOT 23
53	BAT 17	SOT 23
54	BAT-04	SOT 23
55	BAT-05	SOT 23
56	BAT-06	SOT 23
62Y	BZV 49-C62	SOT 89
68Y	BZY 49-C68	SOT 89
73	BAS 70	SOT 23
74	BAS 70-04	SOT 23
75	BZV 49-C75	SOT 89
76	BAS 70-06	SOT 23
grün/braun	BAV 101 SOD 80	
grün/orange	BAV 103 SOD 80	
grün/rot	BAV 102 SOD 80	
grün/ schwarz	BAV 100 SOD 80	
rot	BA 682 SOD 80	
rot/orange	BA 683 SOD 80	
weiß	BB 219 SOD 80	
weiß/grün	BB 215 SOD 80	

Anschlußbelegungen SMD-Bauteile

Abb. 1

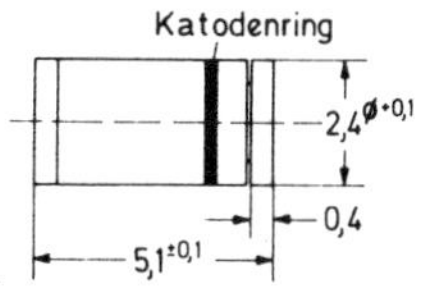

Glasgehäuse MELF

Abb. 2

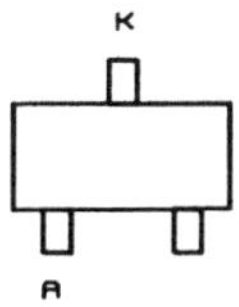

Abb. 3

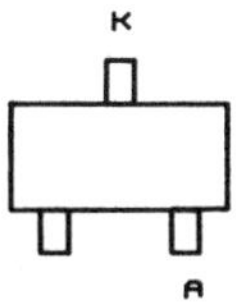

Abb. 4

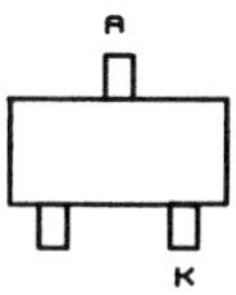

Abb. 5

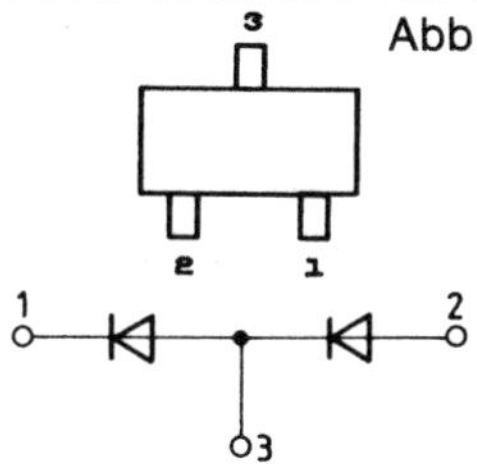

Abb. 6

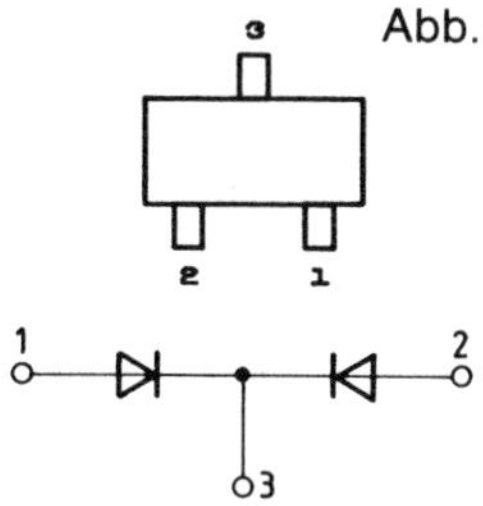

Abb. 7

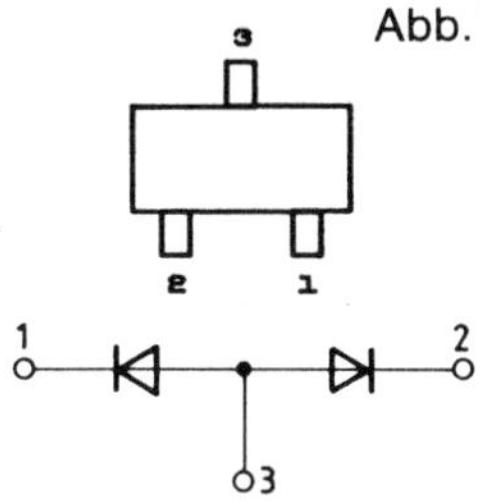

Abb. 8

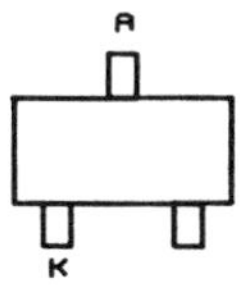

Abb. 9

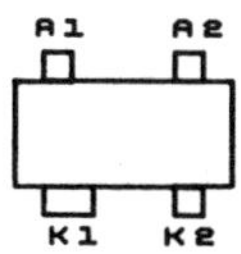

Abb. 10

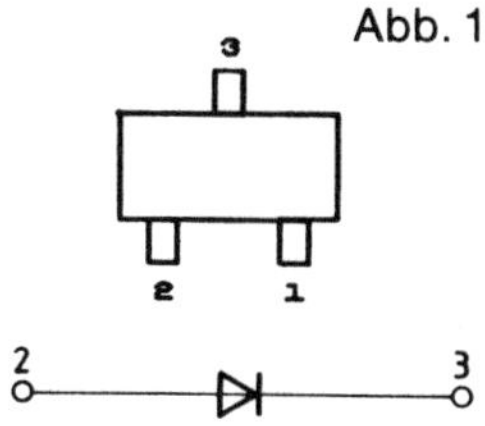

Abb. 11

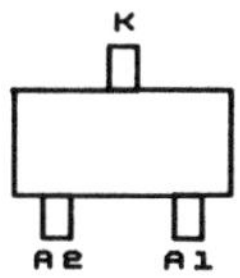

Abb. 12

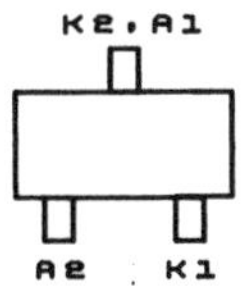

Abb. 13

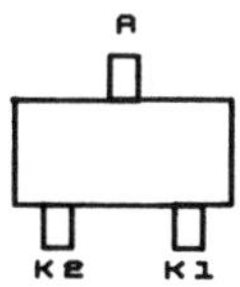

Abb. 14

Abb. 15

Anschlußbelegungen SMD-Bauteile

Abb. 16

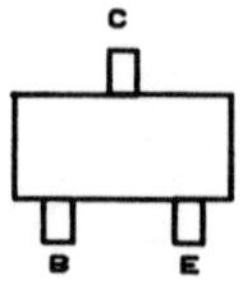

Abb. 21

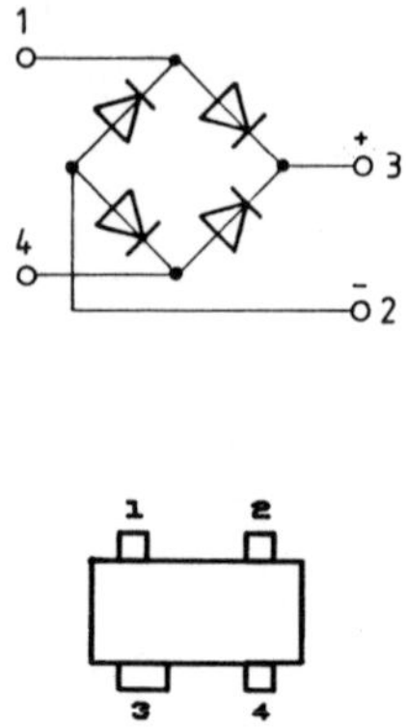

Abb. 25

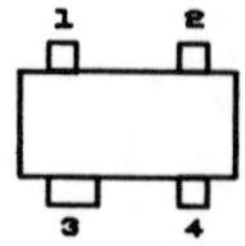

1 } Hallspannungs-
4 } anschlüsse
3+ } Steuerstrom-
2– } anschlüsse

Abb. 17

Abb. 26

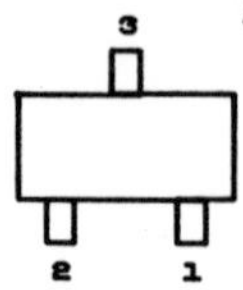

1 ≙ } Kontaktfleck
2 ≙ }
3 ≙ Chipsubstrat

Abb. 18

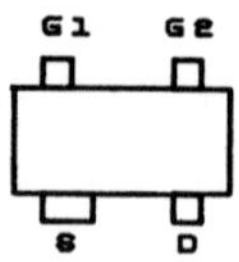

Pin: 1 + 3 Super-Rot
2 + 3 Grün

Abb. 22

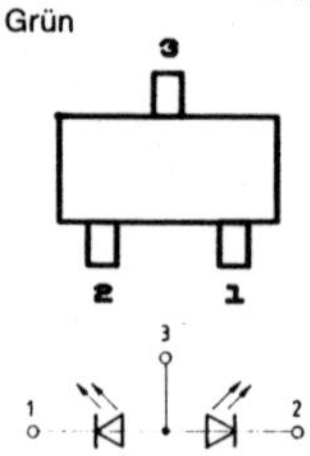

Abb. 27

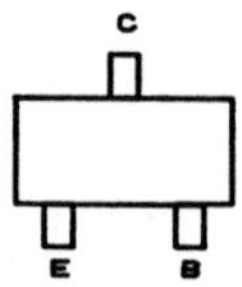

Abb. 19

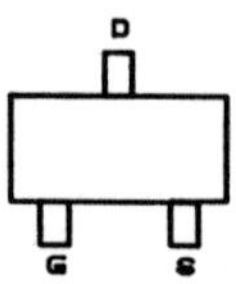

Abb. 23

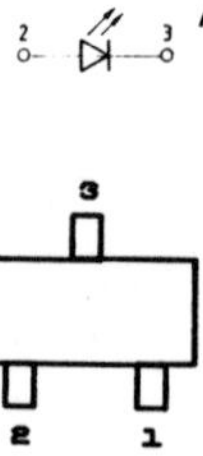

Abb. 28

Abb. 20

Abb. 24

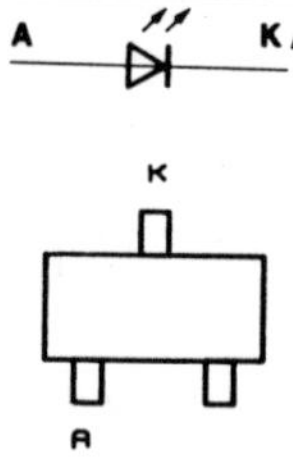

Abb. 28 A

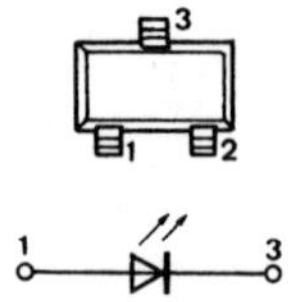

Anschlußbelegungen SMD-Bauteile

Abb. 29

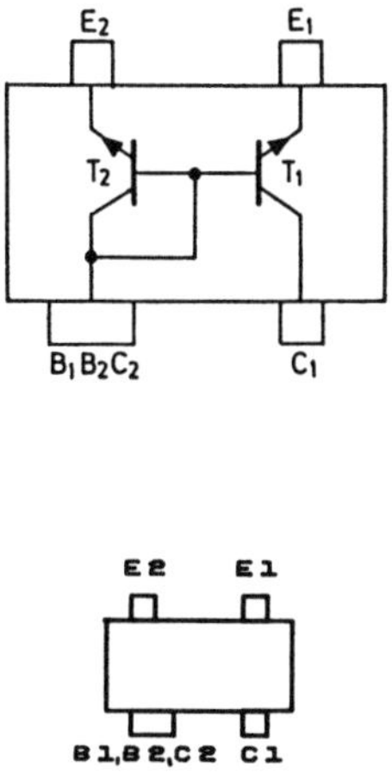

Abb. 32

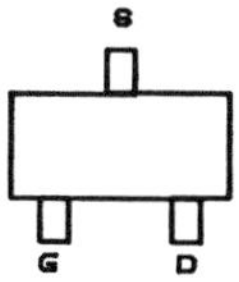

Abb. 33

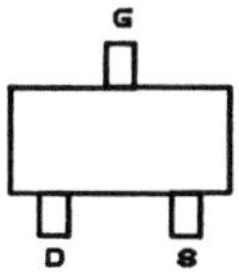

Abb. 36

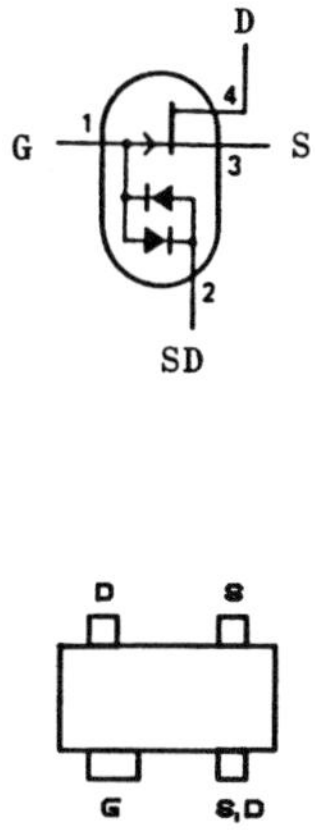

Abb. 30

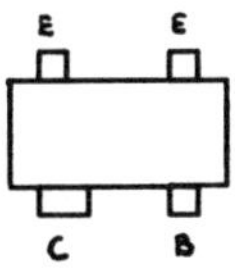

Abb. 34

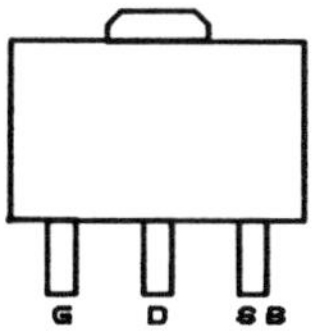

Abb. 37

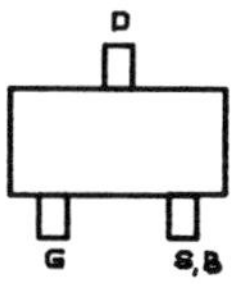

Abb. 31

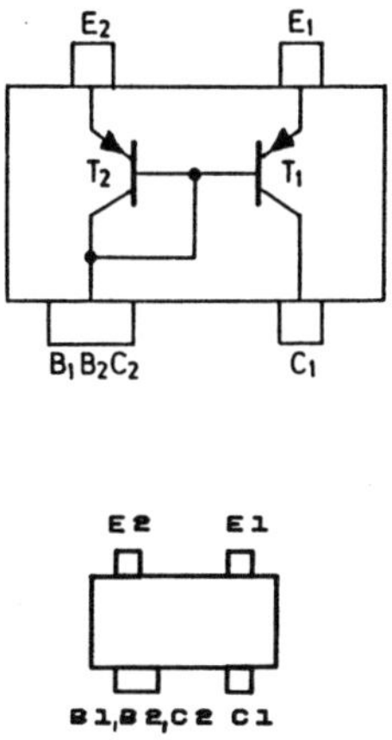

Abb. 35

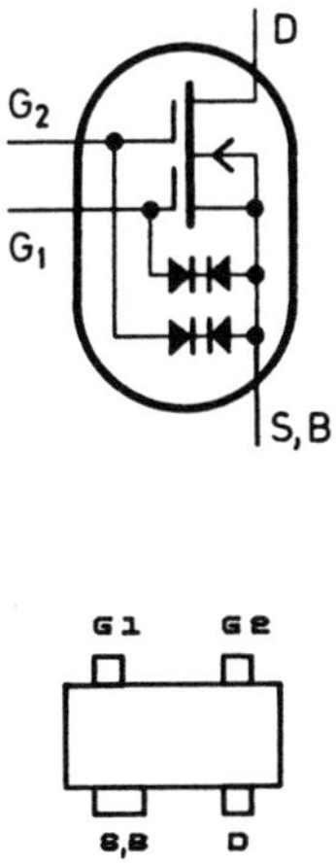

Abb. 38

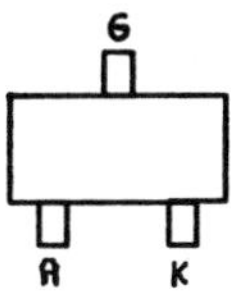

Abb. 38 A

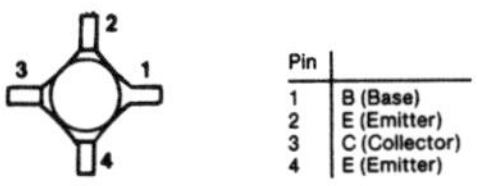

Anschlußbelegungen SMD-Bauteile

Abb. 39

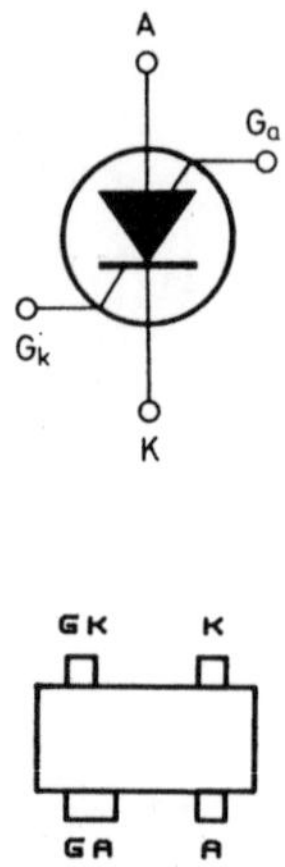

Abb. 40

Abb. 41

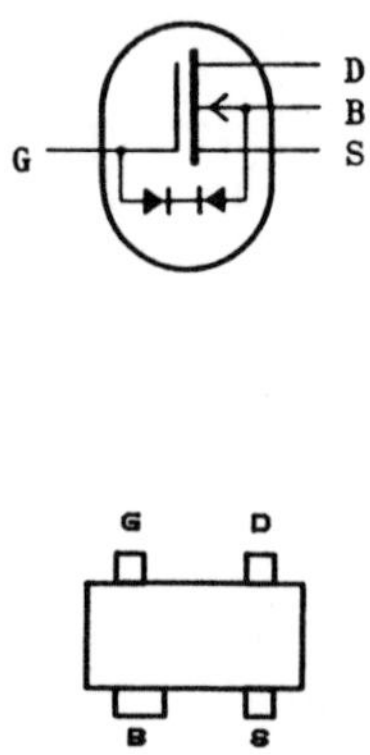

Abb. 42

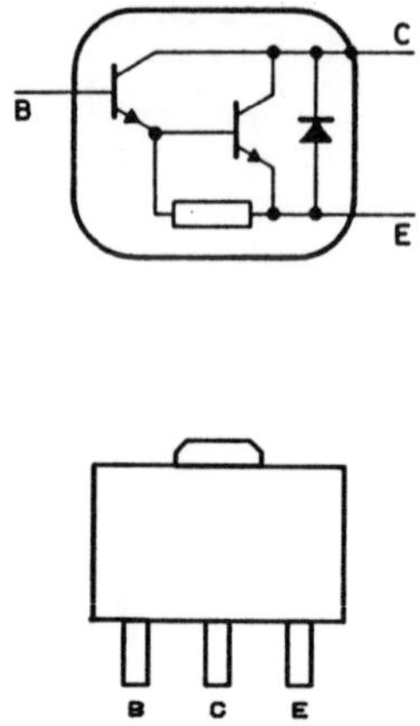

Abb. 43

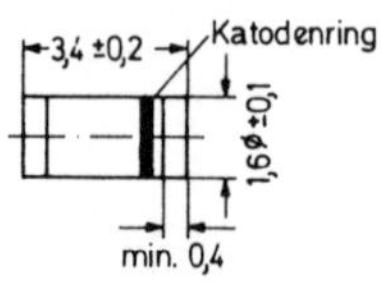

Glasgehäuse MiniMELF

Abb. 44

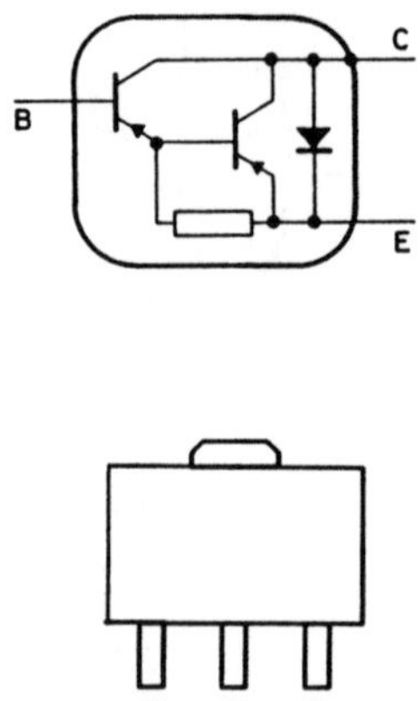

Abb. 45

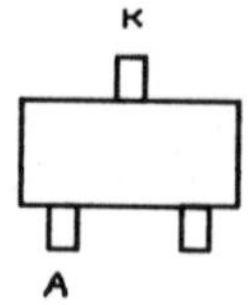

Abb. 46

Abb. 47

Abb. 48

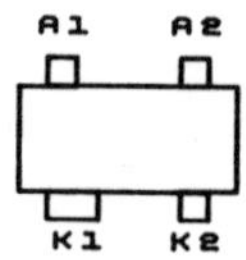

Abb. 49

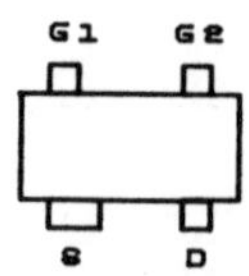

Anschlußbelegungen SMD-Bauteile

Abb. 50

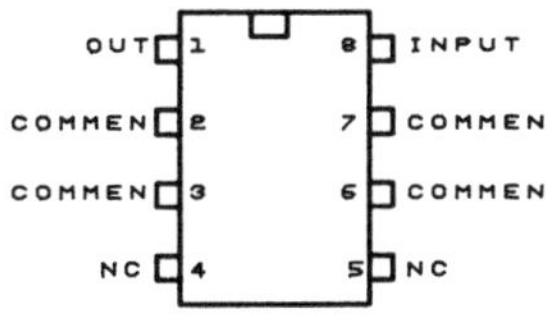

78 L 00

Abb. 51

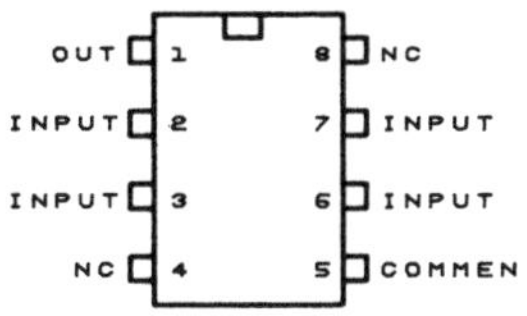

79 L 00

Abb. 52

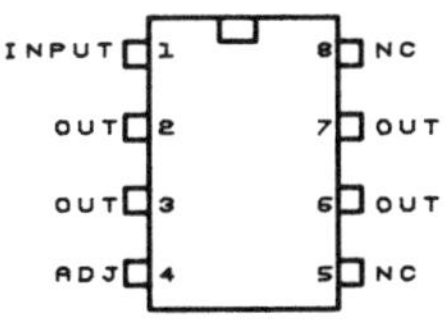

LM 317

Abb. 53

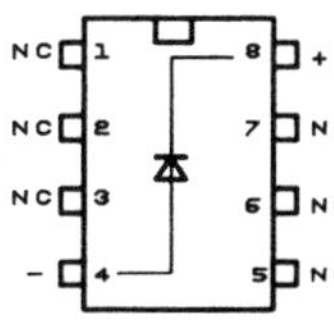

LM 185-1.2, 285-1.2, 385-1.2

Abb. 54

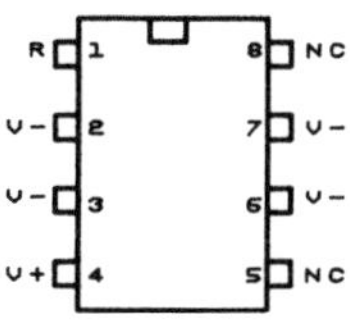

LM 134, 234, 334

Abb. 55

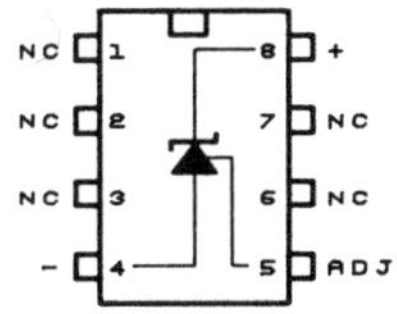

LM 136-2.5, 236-2.5, 336-2.5

Abb. 56

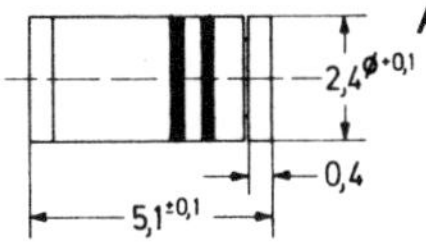

BYM 12-50–BYM 12-400

1 Strich = grün
2 Strich = Spannung

grau = 50 V
rot = 100 V
violett = 150 V
orange = 200 V
braun = 300 V
gelb = 400 V

Abb. 57

SOD 15

SOD 6

Abb. 57 A

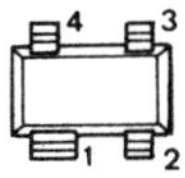

Pin	
1	C (Collector)
2	E (Emitter)
3	B (Base)
4	E (Emitter)

Abb. 58

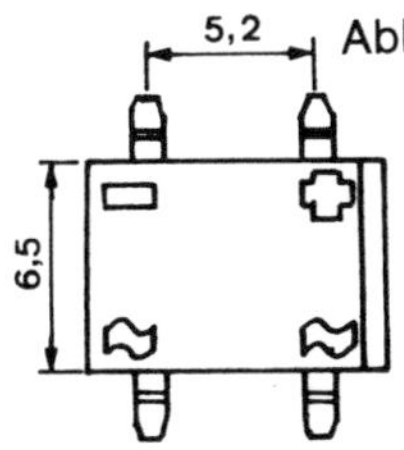

Abb. 58 A

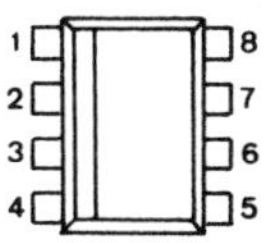

Pin	
1	A (Anode)
2	K (Cathode)
3	–
4	–
5	E (Emitter)
6	C (Collector)
7	B (Base)
8	–

Abb. 59

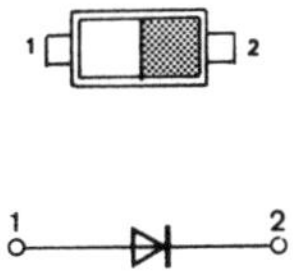

Abb. 60

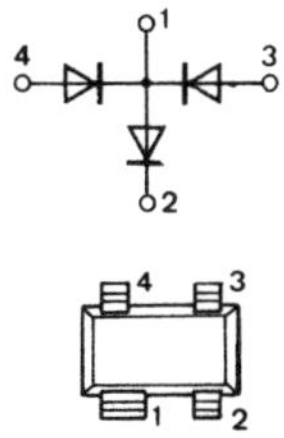

Abb. 61

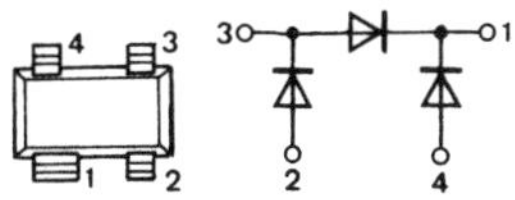

Abb. 62

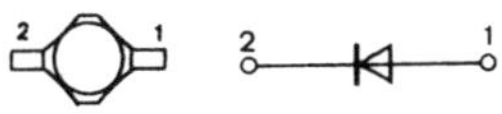

Abb. 63

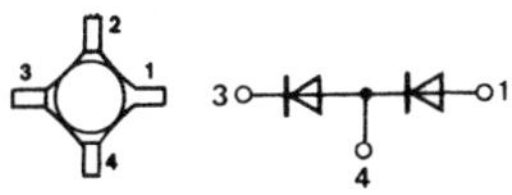

Abb. 64

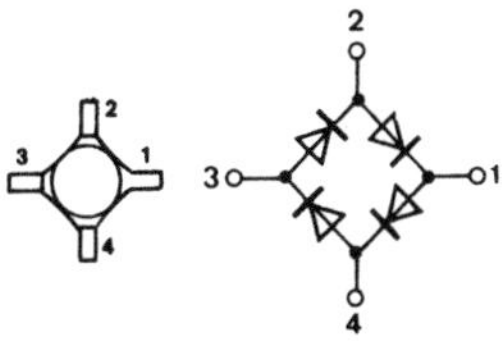

Funktion technischer Daten

Typ	Code	Funktion technischer Daten	Abb.
ICL 7106		3 1/2-Digit LCD A/D Wandler (Flat-Pack)	47
ICL 7107		3 1/2-Digit LED A/D Wandler (Flat-Pack)	47
ICL 7116		3 1/2-Digit LCD A/D Wandler	48
ICL 7117		3 1/2-Digit LED A/D Wandler	48
ICL 7126		3 1/2-Digit LED A/D Wandler	49
ICL 7136		3 1/2-Digit LCD A/D Wandler (Low Power)	51
ICL 7663		CMOS Programmierbarer Spannungsregler	50
ICL 7665		Unter-/Überspannungsdetektor	52
ICM 7555		CMOS-Timer (NE 555) max. 18 V	53
LM 101 A		Operationsverstärker ±22 V/–55 bis +125 °C	54
LM 124		Vierfach-Operationsverstärker 3 bis 30 V	55
LM 148		Vierfach-Operationsverstärker UB 3 bis 30 V	56
LM 158		Zweifach-OP UB 3 bis 30 V/–55 bis +125 °C	57
LM 201 A		Operationsverstärker ±22 V/–25 bis +85 °C	54
LM 224		Vierfach-Operationsverstärker 3 bis 30 V	55
LM 248		Vierfach-Operationsverstärker UB 3 bis 30 V	56
LM 258		Zweifach-OP UB 3 bis 30 V/–55 bis +85 °C	57
LM 301 A		Operationsverstärker ±22 V/0 bis 70 °C	54
LM 324		Vierfach-Operationsverstärker 3 bis 30 V	55
LM 317 LM		einstellb. Spannungsregler 1,27 bis 30 V/100 mA	31
LM 334	334	Konstantstrom und Temp.-Sensor 20 V/10 mA	9
LM 337		einstellb. negat. Spannungsregler –1,2 bis +37 V/100 mA	67
LM 348		Vierfach-Operationsverstärker	56
LM 358		Zweifach-OP UB 3 bis 30 V/0 bis 70 °C	57
LM 385-1,2	3851	Spannungsreferenz 1,2 V	10
LM 385-2,5	3852	Spannungsreferenz 2,5 V	10
LM 2931-5 AQ		Spannungsregler 5 V/150 mA	32
LT 1001	1001	Präzisions-OP ±22 V	1
LT 1004-1,2	0412	Spannungsreferenz 1,2 V	5
LT 1004-2,5	0425	Spannungsreferenz 2,5 V	5
LT 1006	1006	Präz. Single Supply OP Amp ±22 V	2
LT 1007 CS		Low Noise, High Speed Präz. OP ±22 V	3
LT 1009	1009	2,5 V Referenz	6
LT 1013 DS	1013	Dual Präzisions OP Amp ±22 V	4
LT 1021-5	2105	Präzisions-Referenz 5,0 V	7
LT 1021-7	2107	Präzisions-Referenz 7,0 V	7
LT 1021-10	2110	Präzisions-Referenz 10,0 V	7
LT 1034-1,2	3401	Dual-Referenz 1,2 V	8
LT 1034-2,5	3402	Dual-Referenz 2,5 V	8
LT 1044 C	1044	Spannungs-Konverter UB 9,5 V	11
MC 1458		Zweifach-OP 0 bis 70 °C	58
MC 1558		Zweifach-OP –55 bis +125 °C	58
MC 13060		Audio-Verstärker 6 bis 35 V/2,0 W	66
SAB 0529		Programmierbarer Digit.-Timer 4,5 bis 5,5 V	43
SAB 0532		Langzeit-Timer 50/60 Hz/4,5 bis 5,5 V	44
TA 78 L 05 F		Spannungsregler 5 V/150 mA/0,5 W	28
TA 78 L 06 F		Spannungsregler 6 V/150 mA/0,5 W	28
TA 78 L 08 F		Spannungsregler 8 V/150 mA/0,5 W	28
TA 78 L 09 F		Spannungsregler 9 V/150 mA/0,5 W	28
TA 78 L 10 F		Spannungsregler 10 V/150 mA/0,5 W	28
TA 78 L 12 F		Spannungsregler 12 V/150 mA/0,5 W	28

Typ	Code	Funktion technischer Daten	Abb.
TA 78 L 15 F		Spannungsregler 15 V/150 mA/0,5 W	28
TA 78 L 18 F		Spannungsregler 18 V/150 mA/0,5 W	28
TA 78 L 24 F		Spannungsregler 24 V/150 mA/0,5 W	28
TAA 762 G		Operationsverstärker ± 18 V Ausg. 70 mA	33
TAE 1453 G		PNP-Operationsverst. Us 1,8 bis 36 V/100 mA	35
TAE 2453 G		Zweifach-PNP-Operationsverst. 1,8 bis 36 V/70 mA	37
TAE 4453 G		Vierfach-PNP-Operationsverst. 1,8 bis 36 V	39
TAF 2453 G		Zweifach-PNP-Operationsverst. 1,8 bis 36 V/70 mA	37
TBB 0741 G		Operationsverstärker	36
TBB 1458 G		Zweifach-Operationsverstärker ± 4 bis ± 18 V	38
TCA 105		Schwellenwertschalter 5,75 bis 30 V	40
TCA 305 G		Näherungsschalter UB 5 bis 30 V/50 mA	45
TCA 312 G		Komparator TTL-kompatibel ± 2 bis ± 15 V	41
TCA 332 G		OP mit Darlington-Eing. ± 15 V/70 mA	34
TCA 335 G		Näherungsschalter UB 5 bis 30 V/50 mA	46
TCA 671 G		Trans. Array mit 5 NPN-Trans. UCE 42 V/200 mA	42
TCA 871 G		Trans. Array mit 5 NPN-Trans. UCE 42 V/200 mA	42
TCA 971 G		Trans. Array mit 5 NPN-Trans. UCE 32 V/200 mA	42
TCA 991 G		Trans. Array mit 5 NPN-Trans. UCE 32 V/200 mA	42
TC 7 S 00 F	E 1	1 Gatter IC (74 HC 00) NAND	12
TC 7 S 08 F	E 2	1 Gatter IC (74 HC 08) AND	13
TC 7 S 02 F	E 3	1 Gatter IC (74 HC 02) NOR	14
TC 7 S 32 F	E 4	1 Gatter IC (74 HC 32) OR	15
TC 7 S 04 F	E 5	1 Gatter IC (74 HC 04) INV	16
TC 7 SU 04 F	E 6	1 Gatter IC (74 HCU 04) INV (UB)	17
TC 4 S 11 F	C 1	1 Gatter IC (4011) NAND	18
TC 4 S 81 F	C 2	1 Gatter IC (4081) AND	19
TC 4 S 01 F	C 3	1 Gatter IC (4001) NOR	20
TC 4 S 71 F	C 4	1 Gatter IC (4071) OR	21
TC 4 S 69 F	C 5	1 Gatter IC INVERTER	22
TC 4 SU 69 F	C 6	1 Gatter IC (4069 UB) INV (UB)	23
TC 4 SU 1 F	C 7	1 Gatter IC (4011 B) NAND (UB)	24
TC 4 S 30 F	C 8	1 Gatter IC (4030) EX-OR	25
TC 4 S 66 F	C 9	1 Gatter IC (4066) Analog-Schalter	26
TC 4 S 584 F	CA	1 Gatter IC (4558 B) Schmitt-Trigger	27
TL 061		Operationsverst. mit JFET-Eing.	59
TL 062		Zweifach-OP mit JFET-Eing.	60
TL 064		Vierfach-OP mit JFET-Eing.	61
TL 071		Operationsverst. mit JFET-Eing.	62
TL 072		Zweifach-OP mit JFET-Eing.	63
TL 074		Vierfach-OP mit JFET-Eing.	64
TSC 810 CLW		3½-Digit A/D Converter (PLCC)	68
TSC 810 CKW		3½-Digit A/D Converter (Flat-Pack)	69
TSC 7106 = ICL 7106		3½-Digit A/D Converter (PLCC)	71
TSC 7107 = ICL 7107		3½-Digit A/D Converter (PLCC)	71
TSC 7116 = ICL 7116		3½-Digit A/D Converter (PLCC)	72
TSC 7117 = ICL 7117		3½-Digit A/D Converter (PLCC)	72
TSC 7126 = ICL 7126		3½-Digit A/D Converter (PLCC)	73
TSC 7136 = ICL 7136		3½-Digit A/D Converter (PLCC)	74
TSC 7650		Präz.-Chopper OP 4,5 bis 16 V	70
TSC 1426		Dual High-Speed MOSFET-Treiber (INV)	75
TSC 1427		Dual High-Speed MOSFET-Treiber (NO INV)	76

Typ	Code	Funktion technischer Daten	Abb.
TSC 1428		Dual High-Speed MOSFET-Treiber (INV und NO INV)	77
µA 741		Operationsverstärker	65
78 L 02		Spannungsregler 2,6 V/100 mA	29
78 L 05		Spannungsregler 5,0 V/100 mA	29
78 L 62		Spannungsregler 6,2 V/100 mA	29
78 L 08		Spannungsregler 8,0 V/100 mA	29
78 L 09		Spannungsregler 9,0 V/100 mA	29
78 L 10		Spannungsregler 10 V/100 mA	29
78 L 12		Spannungsregler 12 V/100 mA	29
78 L 15		Spannungsregler 15 V/100 mA	29
79 L 05		Spannungsregler –5,0 V/100 mA	30
79 L 12		Spannungsregler –12 V/100 mA	30
79 L 15		Spannungsregler –15 V/100 mA	30

Anschlußbelegungen SMD-Bauteile

Abb. 1

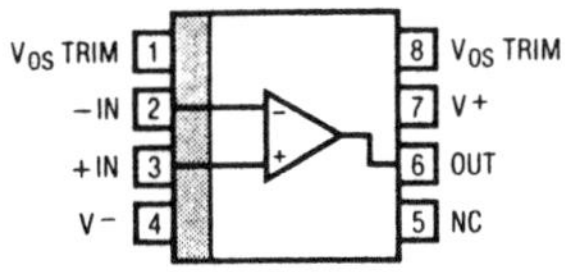

LT 101 Präz. OP

Abb. 2

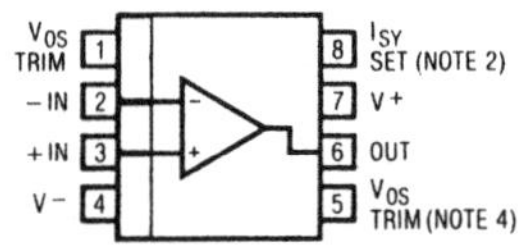

LT 1006 Präz.-Operationsverstärker

Abb. 3

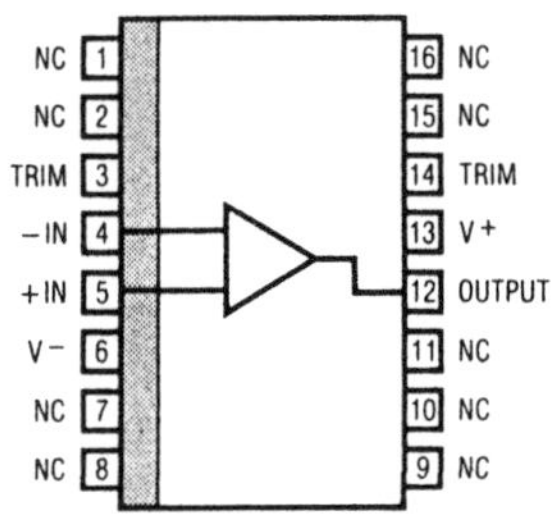

LT 1007 CS High Speed-OP

Abb. 4

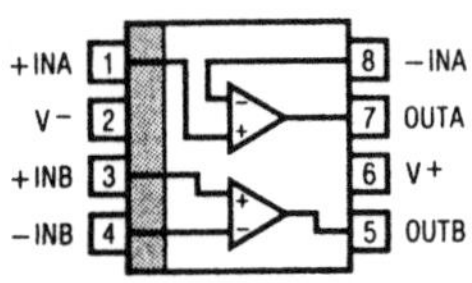

LT 1013 Dual OP Amp

Abb. 5

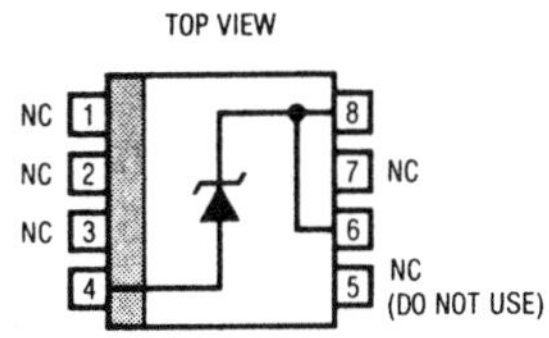

LT 1004 Spannungsreferenz

Abb. 6

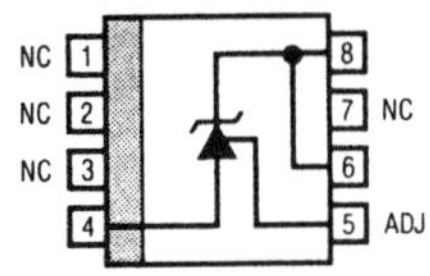

LT 1009 2,5 V Referenz

Abb. 7

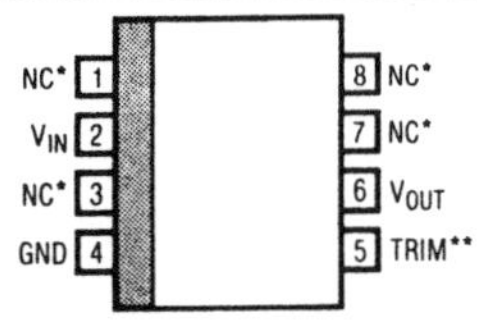

*CONNECTED INTERNALLY. DO NOT CONNECT EXTERNAL CIRCUITRY TO THESE PINS.

**NO TRIM PIN ON LT1021-7. DO NOT CONNECT EXTERNAL CIRCUITRY TO PIN 5 ON LT1021-7.

LT 1021 Präz.-Referenz 5, 7, 10 V

Abb. 8

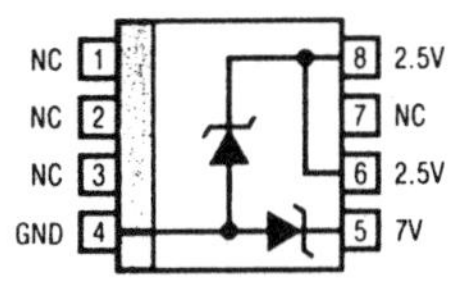

LT 1034 Dual-Ref. 1,2 V, 2,5 V

Abb. 9

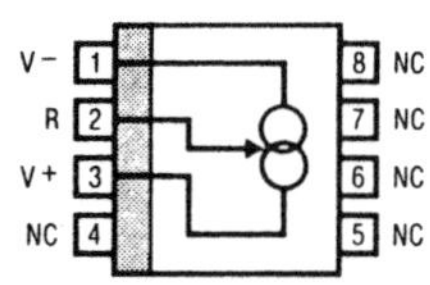

LM 334 Strom- und Temp.-Sensor

Anschlußbelegungen SMD-Bauteile

Abb. 10

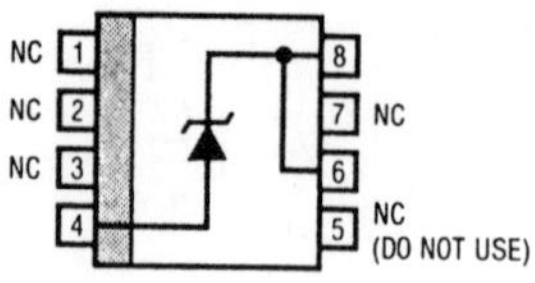

LM 385 Spannungsreferenz

Abb. 11

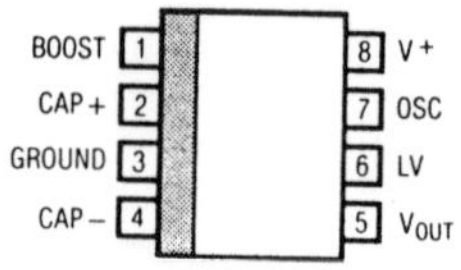

LT 1044 Spannungs-Konverter

Abb. 12

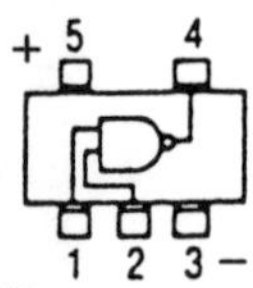

TC 7 S 00 F NAND

Abb. 13

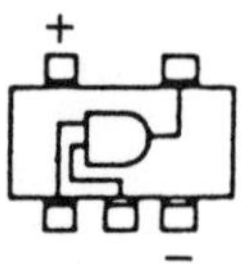

TC 7 S 08 F AND

Abb. 14

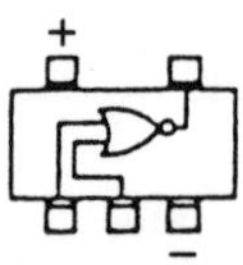

TC 7 S 02 F NOR

Abb. 15

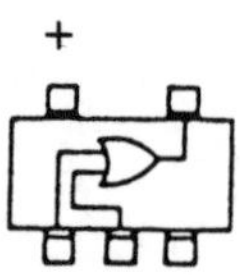

TC 7 S 32 F OR

Abb. 16

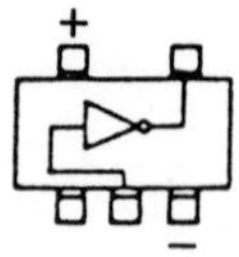

TC 7 S 04 F INVERTER

Abb. 17

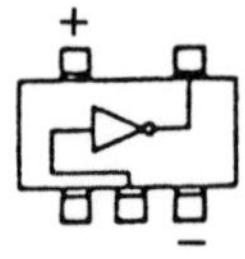

TC 7 SU 04 F INVERTER (UB)

Abb. 18

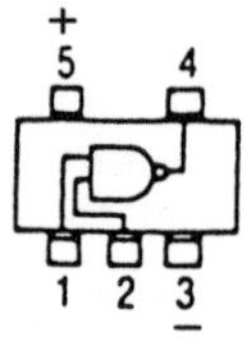

TC 4 S 11 F NAND

Abb. 19

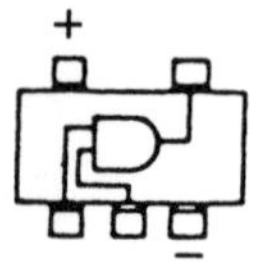

TC 4 S 81 F AND

Abb. 20

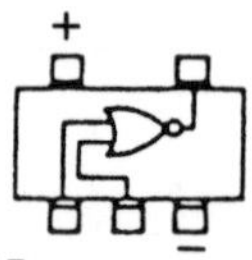

TC 4 S 01 F NOR

Abb. 21

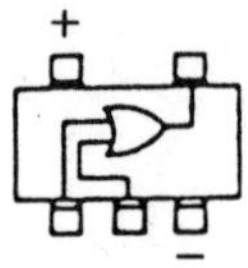

TC 4 S 71 F OR

Anschlußbelegungen SMD-Bauteile

Abb. 22

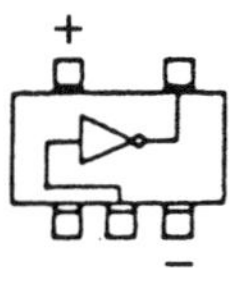

TC 4 S 69 F INVERTER

Abb. 23

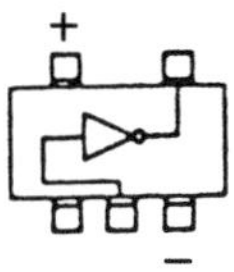

TC 4 SU 69 F INVERTER (UB)

Abb. 24

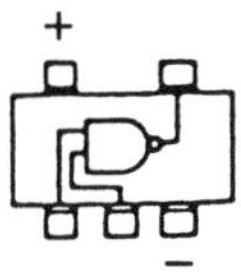

TC 4 SU 1 F NAND (UB)

Abb. 25

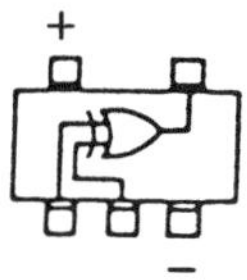

TC 4 S 30 F EX-OR

Abb. 26

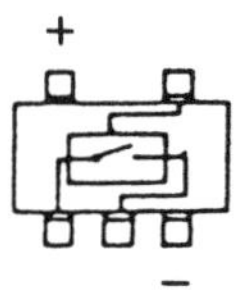

TC 4 S 66 F Analog SW

Abb. 27

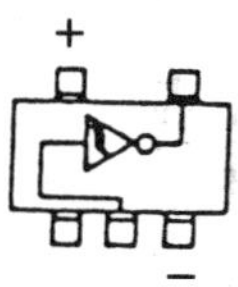

TC 4 S 584 F Schmitt-Trigger

Abb. 28

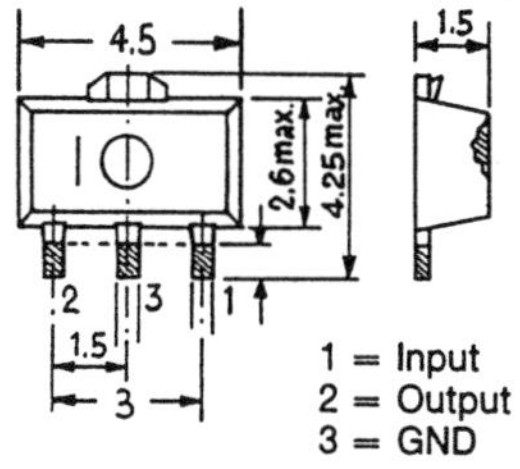

TA 78 L 00 Spannungsregler 150 mA

Abb. 29

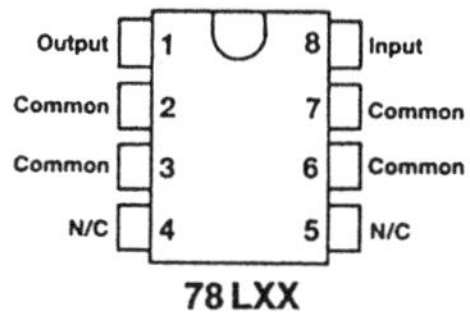

78 L 05 Spannungsregler positiv 100 mA

Abb. 30

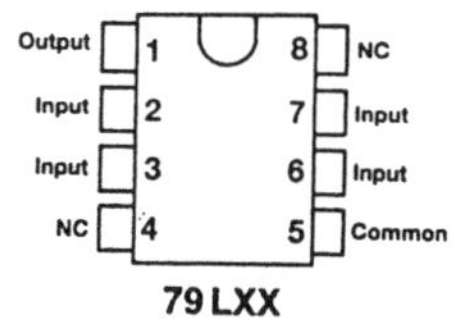

79 L 05 Spannungsregler negativ 100 mA

Abb. 31

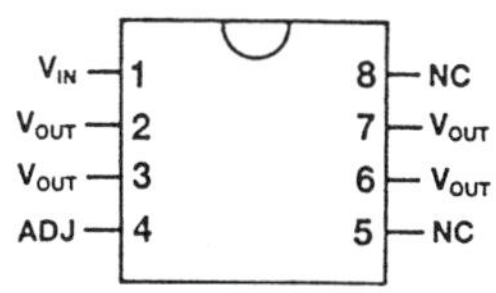

LM 317 LM einstellb. Spannungsr. 100 mA

Abb. 32

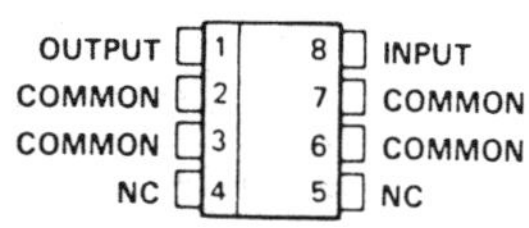

LM 2931-5 Positiv-Spannungsregler 5 V

Anschlußbelegungen SMD-Bauteile

Abb. 33

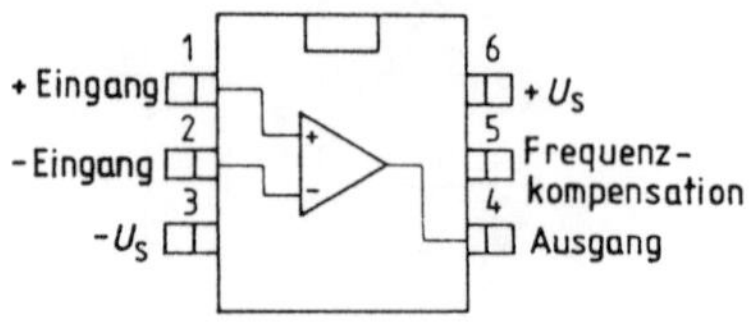

TAA 762 G Operationsverstärker

Abb. 34

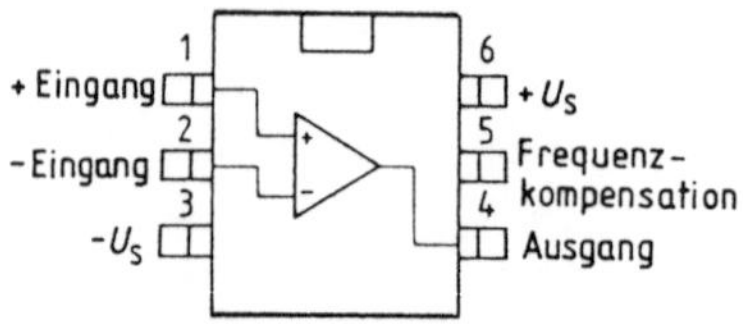

TCA 332 G OP m. Darlington-Eing.

Abb. 35

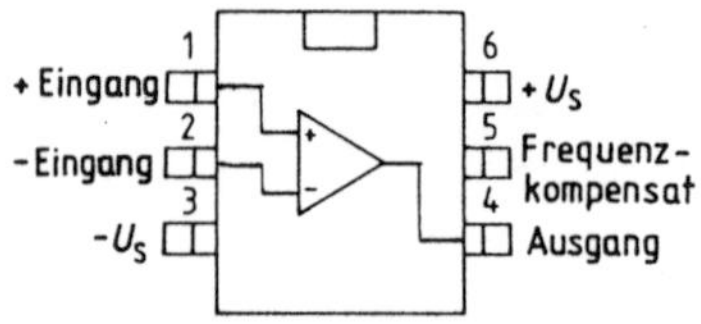

TAE 1453 PNP-Operationsverstärker

Abb. 36

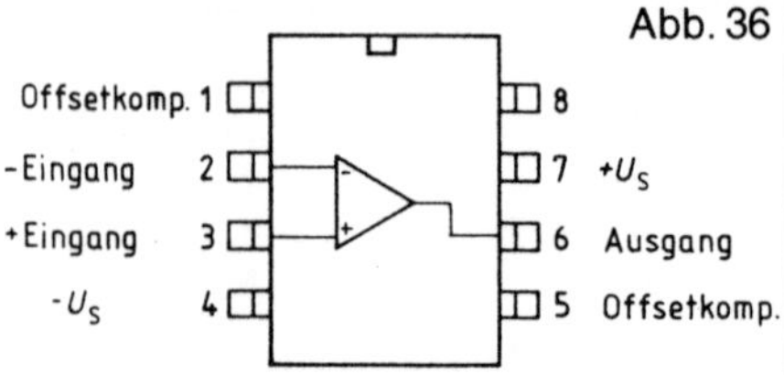

TBB 0741 G Operationsverstärker

Abb. 37

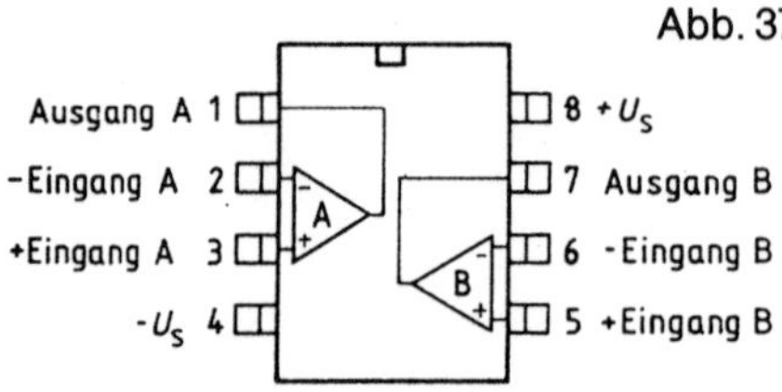

TAE 24536 Zweifach-PNP-OP

Abb. 38

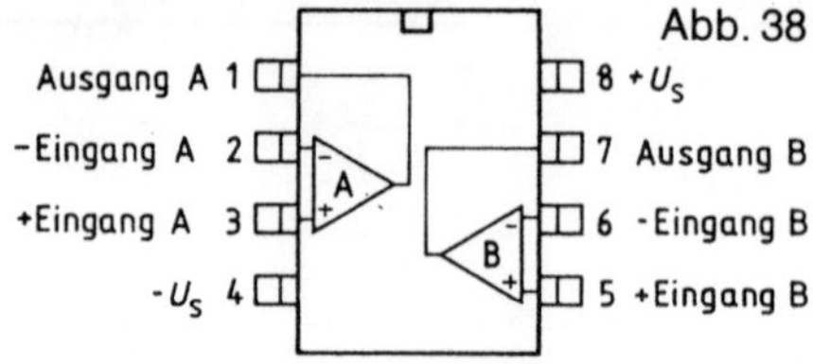

TBB 14586 Zweifach-Operationsverst.

Abb. 39

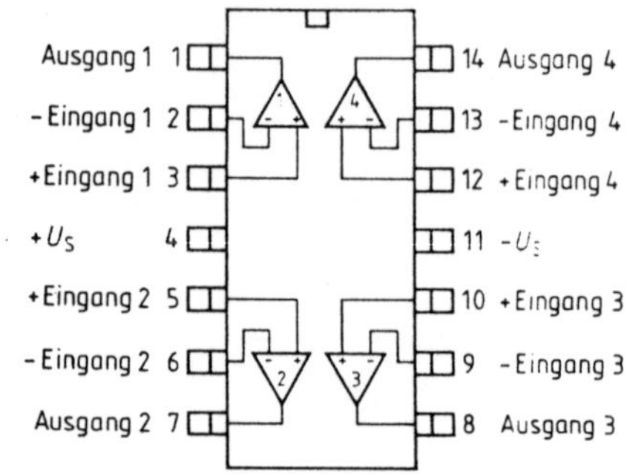

TAE 4453 G Vierfach-PNP-Operationsv.

Abb. 40

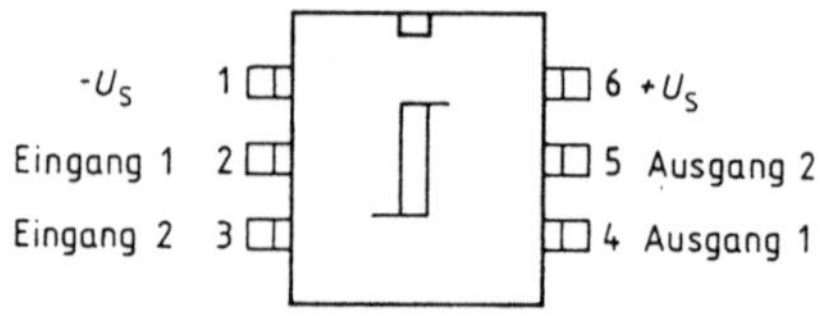

TCA 105 Schwellenwertschalter

Abb. 41

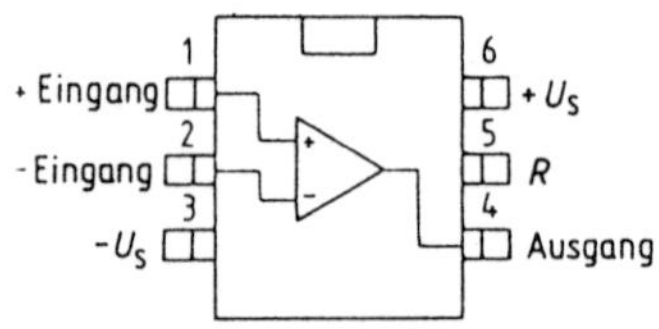

TCA 312 G Komparator TTL-kompatibel

Anschlußbelegungen SMD-Bauteile

Abb. 42

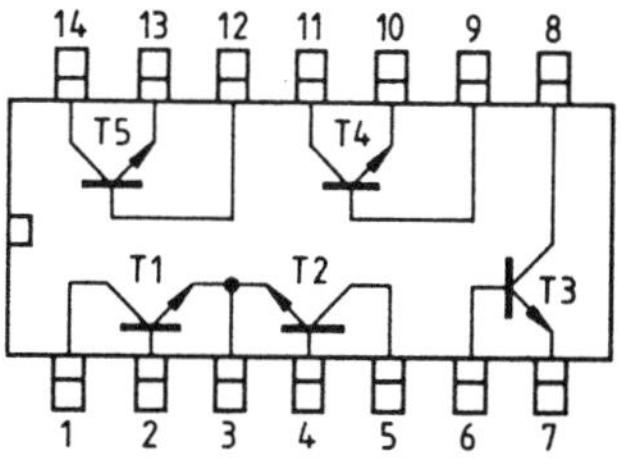

TCA 671/871/971/991 G 5 NPN-Trans.

Abb. 43

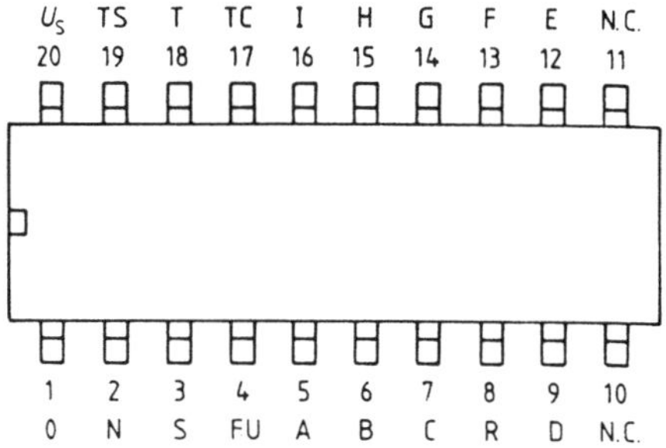

SAB 0529 Programmierb. Digit-Timer

Abb. 44

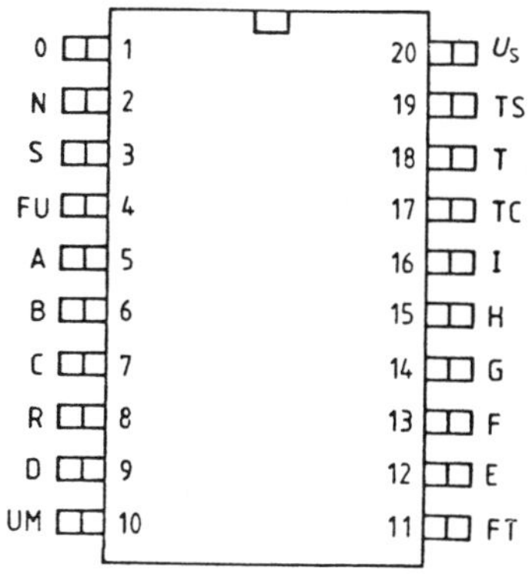

SAE 0532 Langzeit-Timer 50/60 Hz

Abb. 45

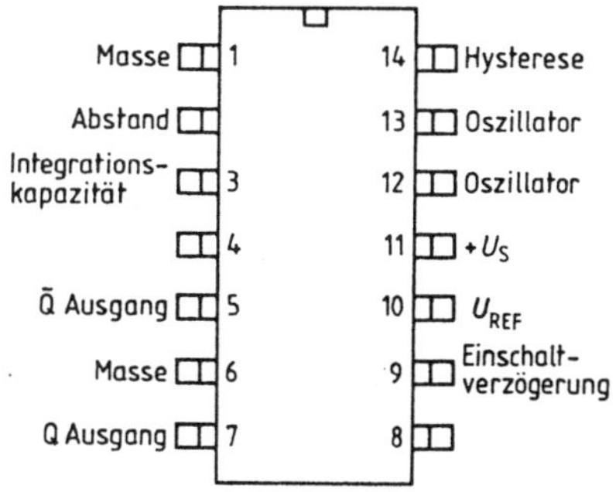

TCA 305 G Näherungsschalter

Abb. 46

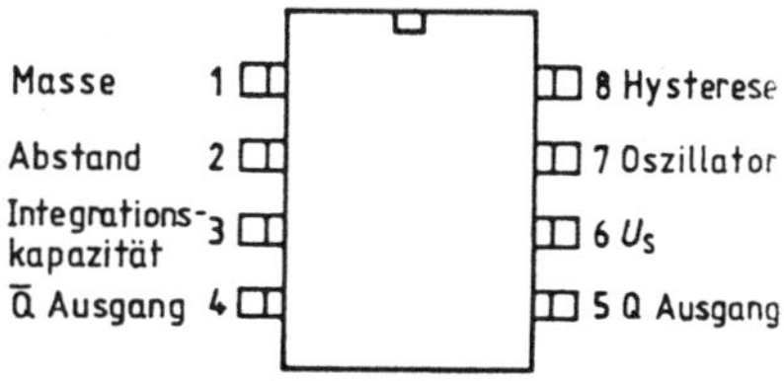

TCA 335 G Näherungsschalter

Abb. 47

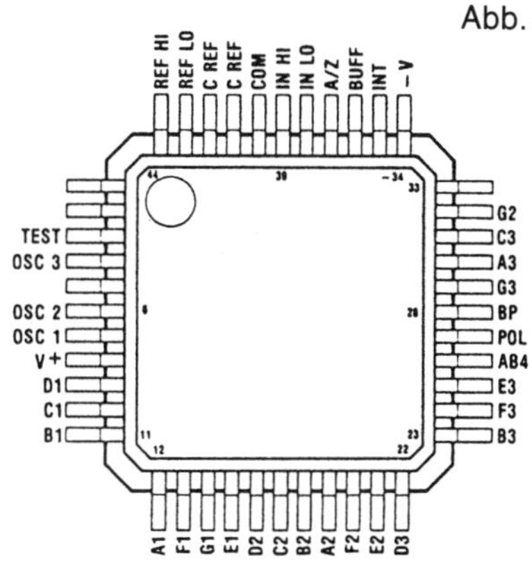

ICL 7106/07 3½-Digit LCD/LED A/D

Anschlußbelegungen SMD-Bauteile

Abb. 48

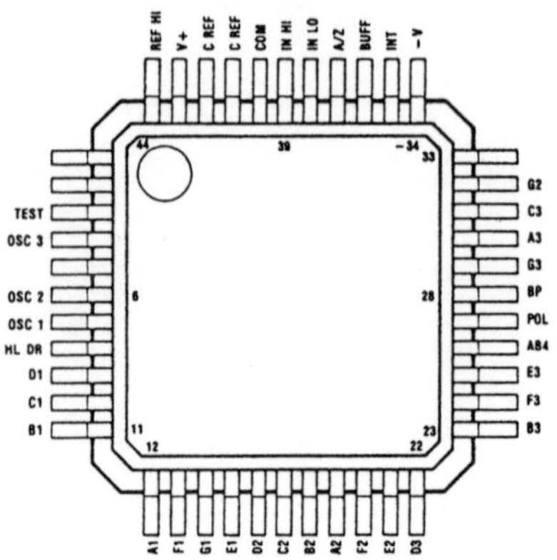

ICL 7116/7117 3½-Digit LCD/LED A/D

Abb. 51

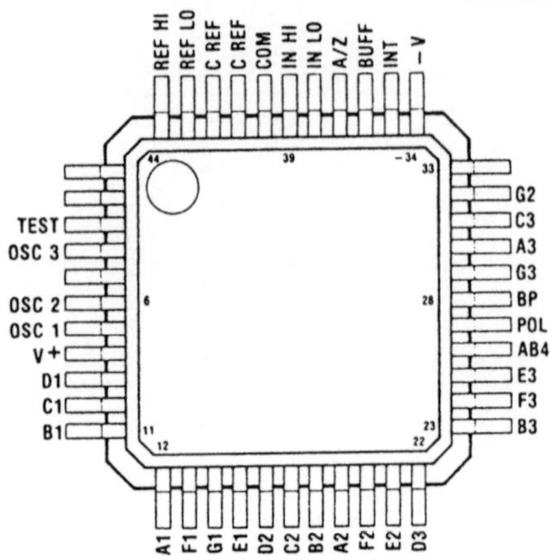

ICL 7136 3½-Digit LCD A/D Converter

Abb. 49

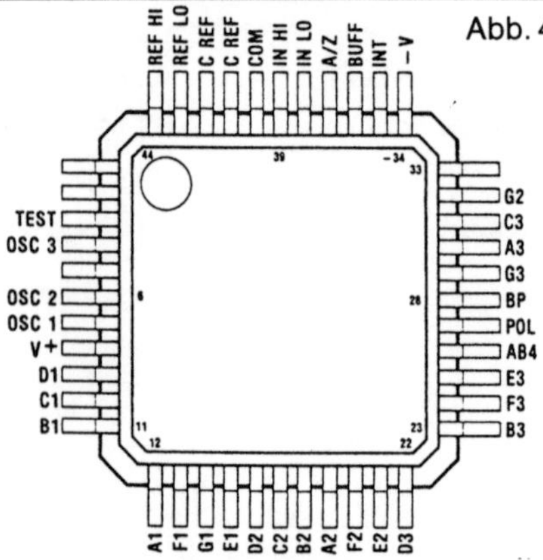

ICL 7126 3½-Digit A/D Wandler

Abb. 52

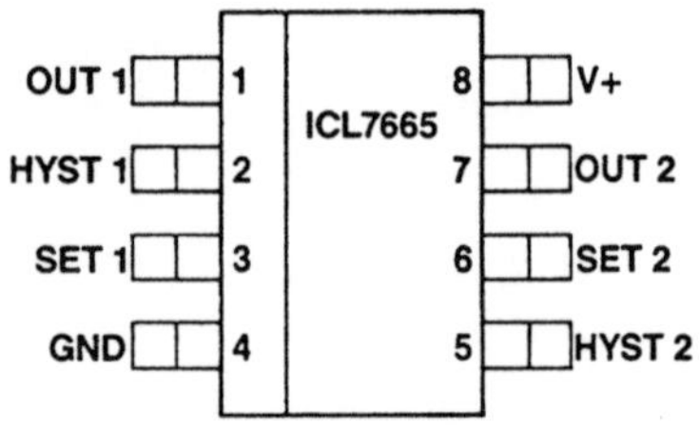

ICL 7665 Unter-/Überspannungsdetektor

Abb. 50

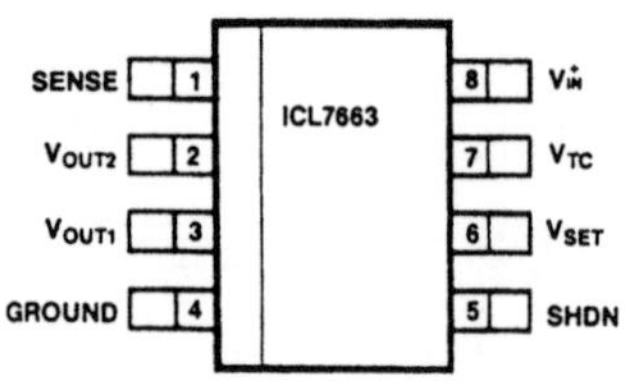

ICL 7663 CMOS Programmierb. Spannungsr.

Abb. 53

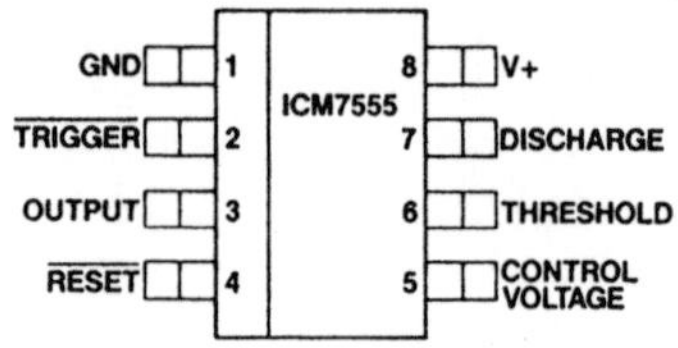

ICM 7555 CMOS-Timer

Anschlußbelegungen SMD-Bauteile

Abb. 54

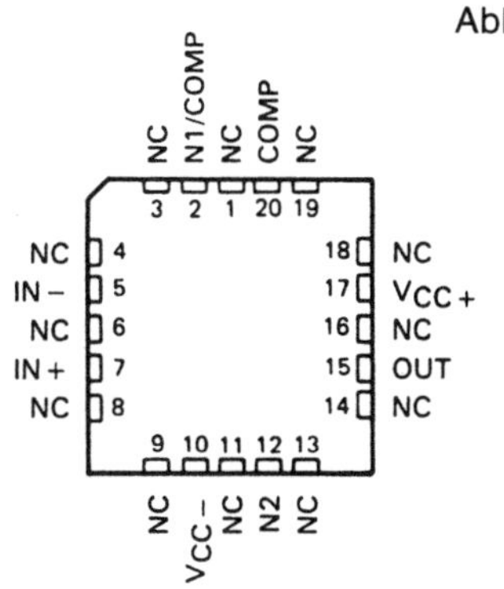

LM 101, 201, 301 Operationsverstärker

Abb. 57

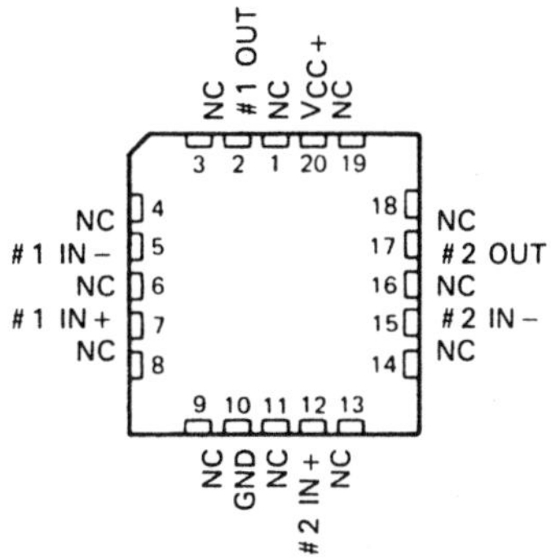

LM 158, 258, 358 Zweifach-OP

Abb. 55

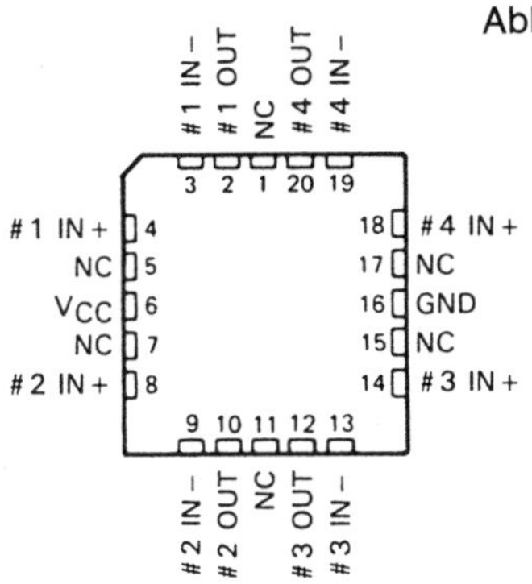

LM 124, 224, 324 Vierfach-OP

Abb. 58

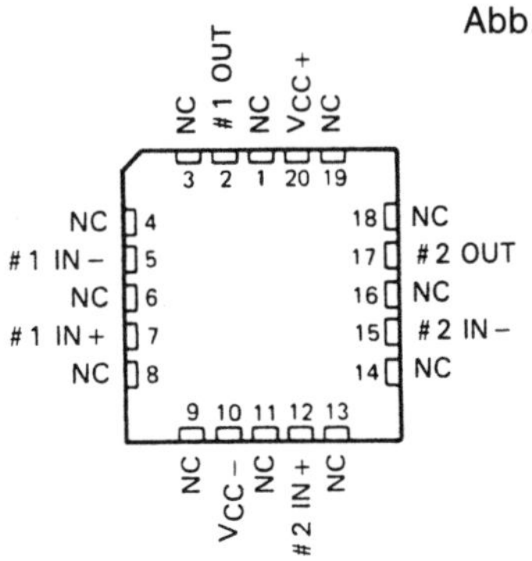

MC 1458 Zweifach-OP

Abb. 56

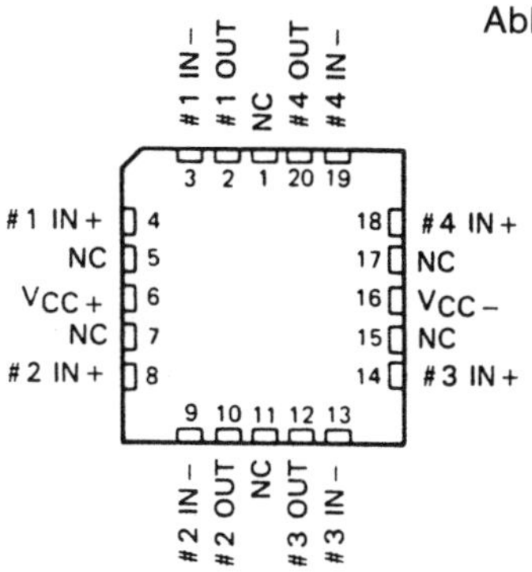

LM 148, 248, 348 Vierfach-OP

Abb. 59

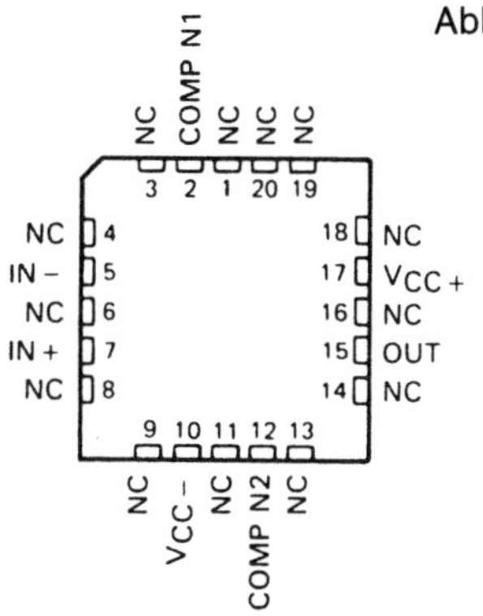

TL 061 OP mit JFET-Eing.

Anschlußbelegungen SMD-Bauteile

Abb. 60

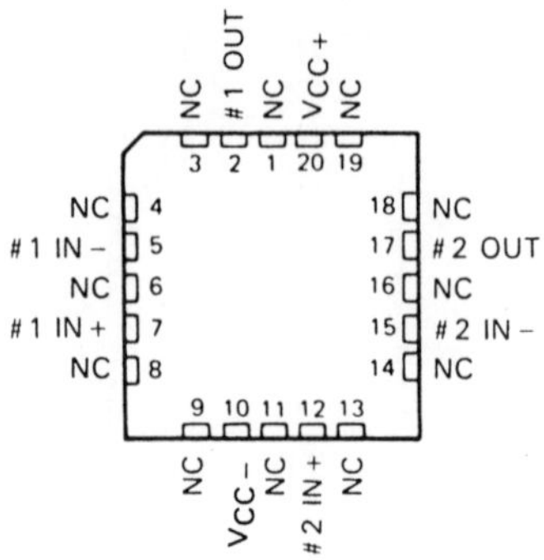

TL 062 OP mit JFET-Eing.

Abb. 63

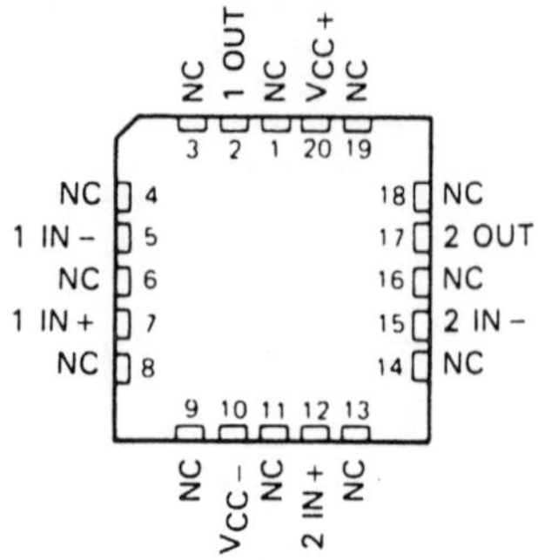

TL 072 OP mit JFET-Eing.

Abb. 61

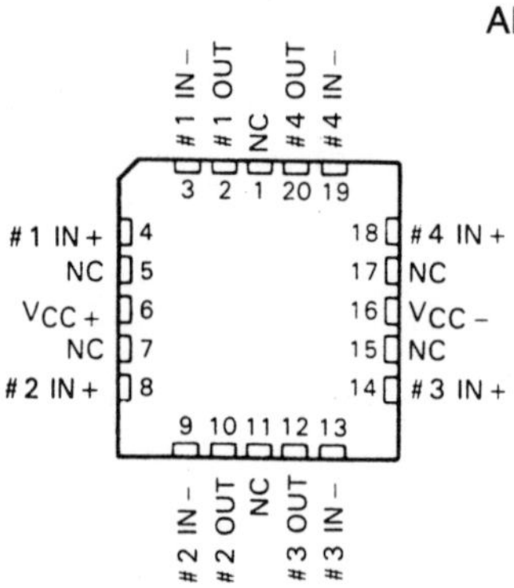

TL 064 OP mit JFET-Eing.

Abb. 64

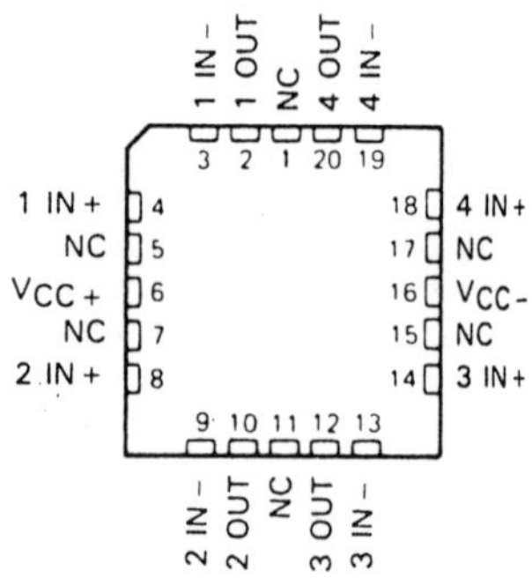

TL 074 OP mit JFET-Eing.

Abb. 62

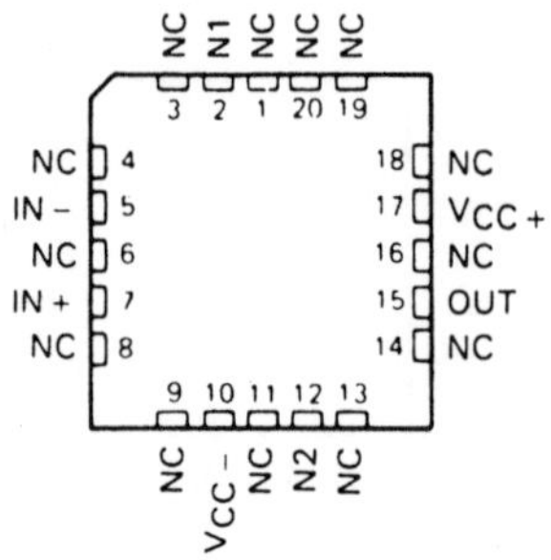

TL 071 OP mit JFET-Eing.

Abb. 65

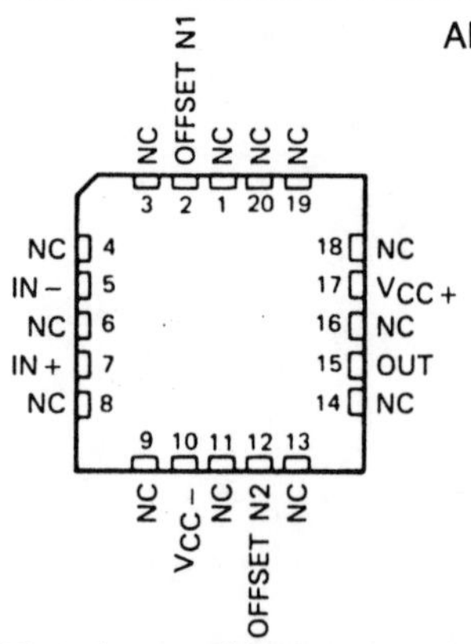

μA 741 M Operationsverstärker

Anschlußbelegungen SMD-Bauteile

Abb. 66

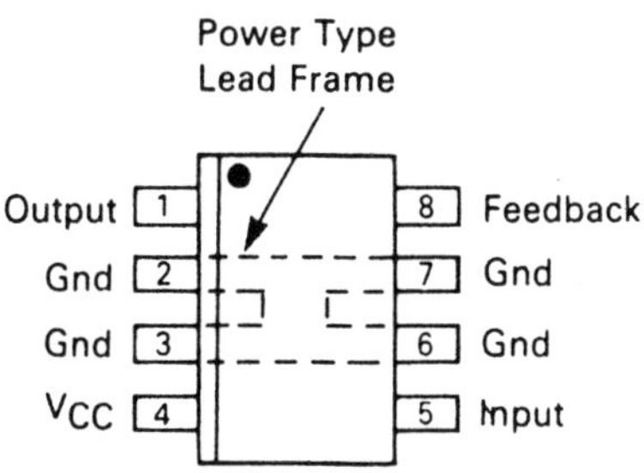

MC 13060 Verstärker 2,0 W

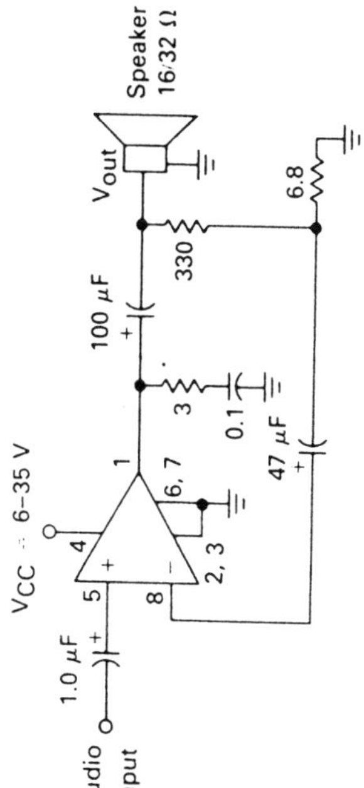

MC 13060 Schaltbild

Abb. 67

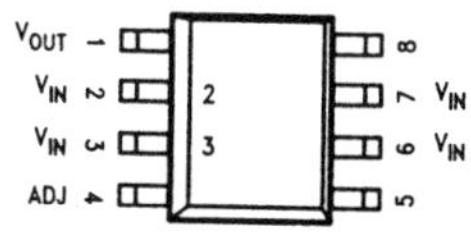

LM 337 einstellb. Spannungsr. –1,2 bis 37 V

Abb. 68

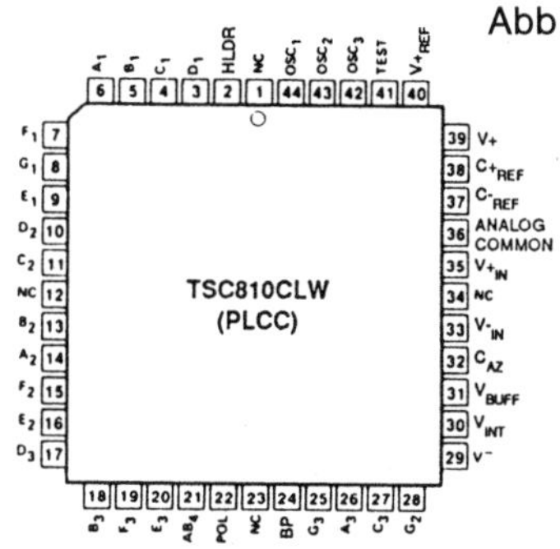

TSC 810 CLW 3½-Digit A/D-Converter

Abb. 69

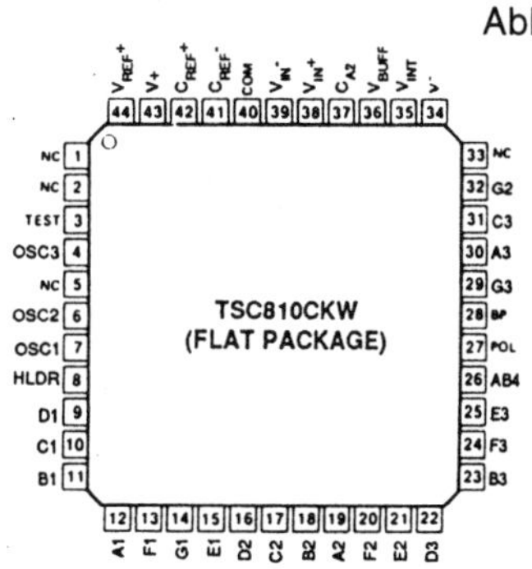

TSC 810 CKW 3½-Digit A/D-Converter

Abb. 70

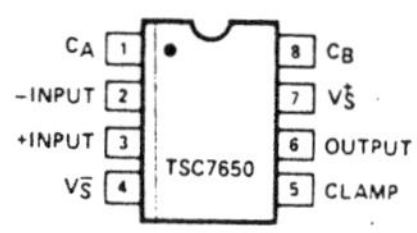

TSC 7650 Präz.-Chopper OP

Anschlußbelegungen SMD-Bauteile

Abb. 71

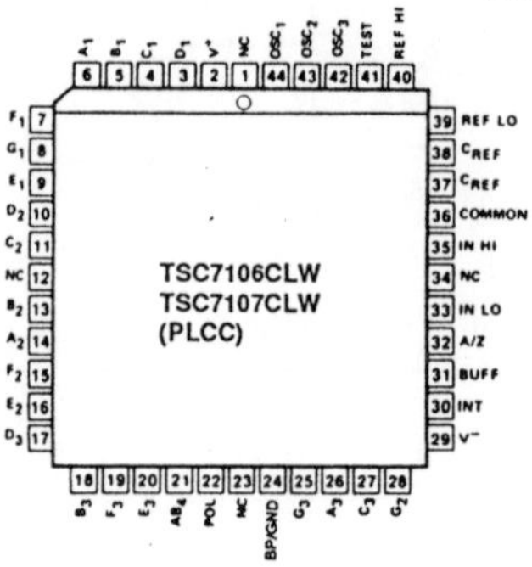

TSC 7106/07 3½-Digit A/D-Converter

Abb. 74

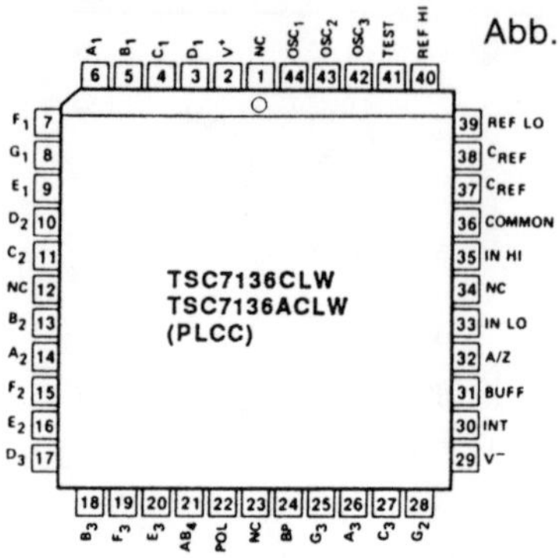

TSC 7136 3½-Digit A/D-Converter

Abb. 72

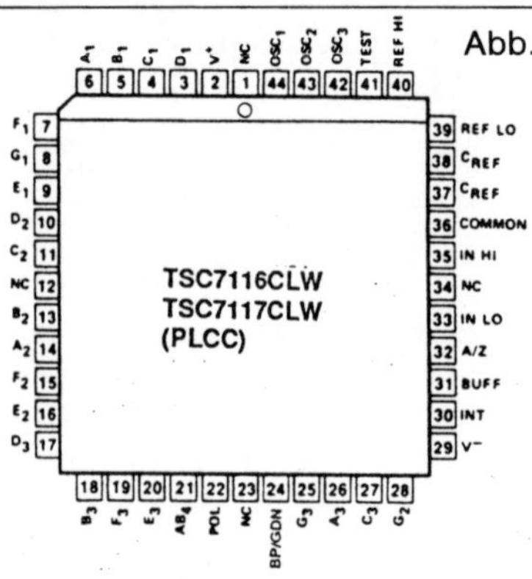

TSC 7116/17 3½-Digit A/D-Converter

Abb. 75

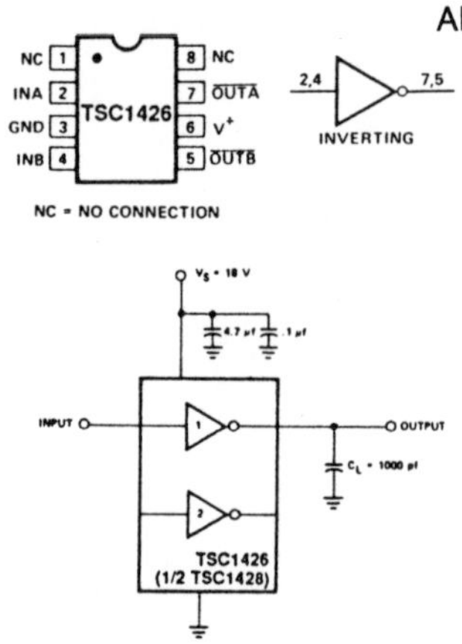

TSC 1426 High-Speed MOSFET-Treiber

Abb. 73

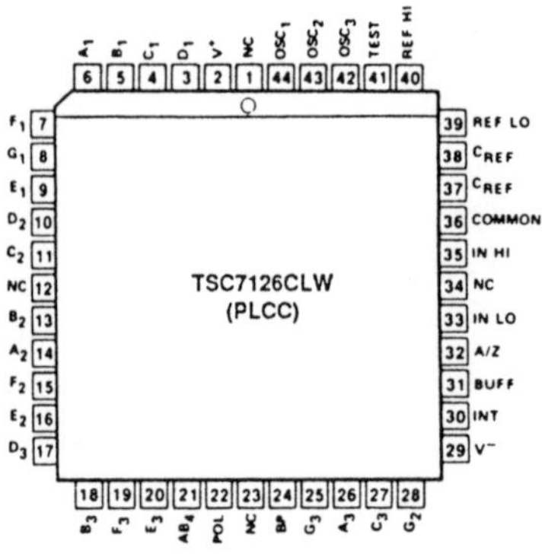

TSC 7126 3½-Digit A/D-Converter

Abb. 76

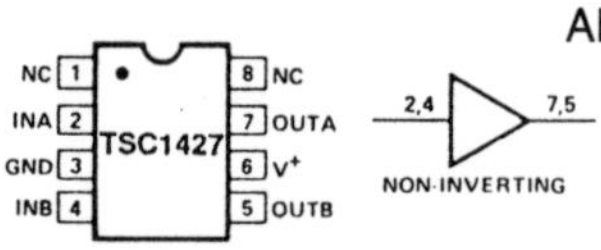

TSC 1427 High-Speed MOSFET-Treiber

Abb. 77

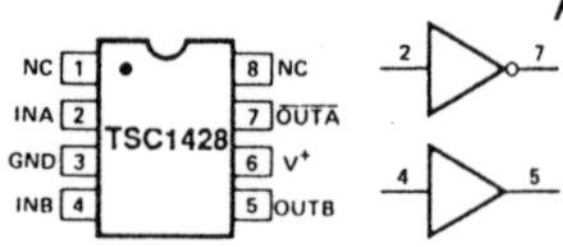

TSC 1428 High-Speed MOSFET-Treiber

SMD-Gehäuseformen (Abmessungen)

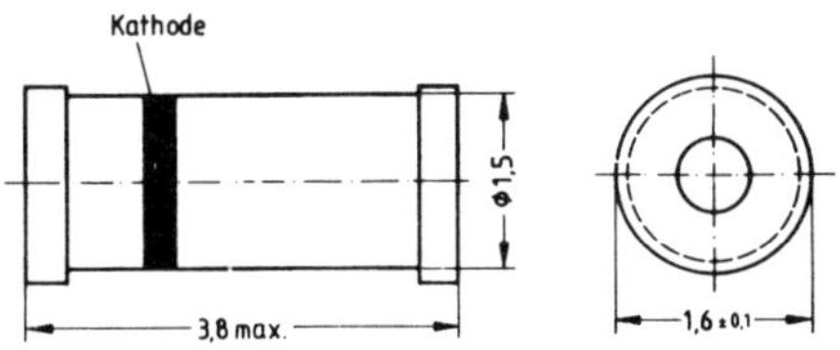

SOD 80 (Mini Melf)

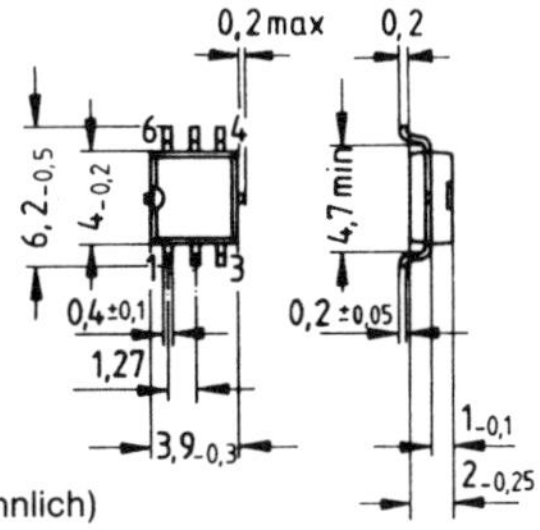

SO 6 (ähnlich)

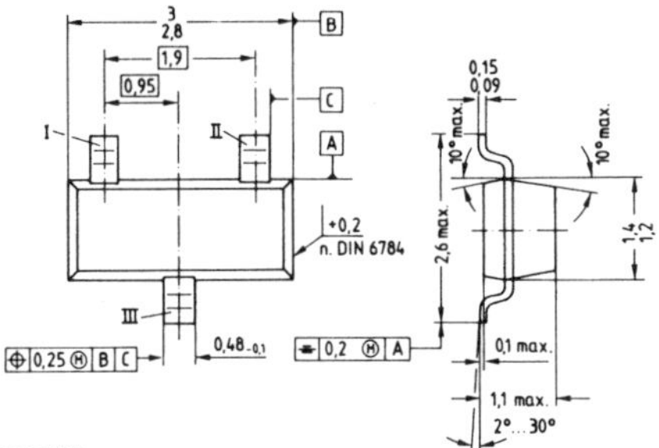

SOT 23

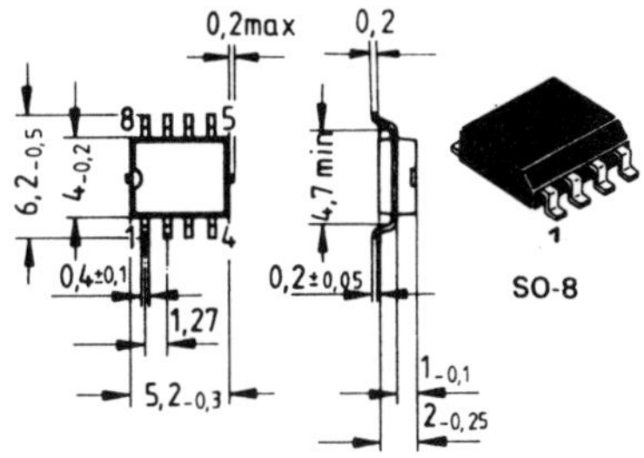

SO-8 (ähnlich)

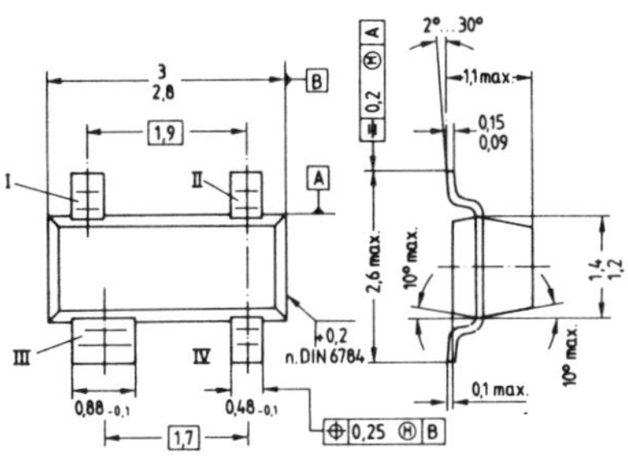

SOT 143

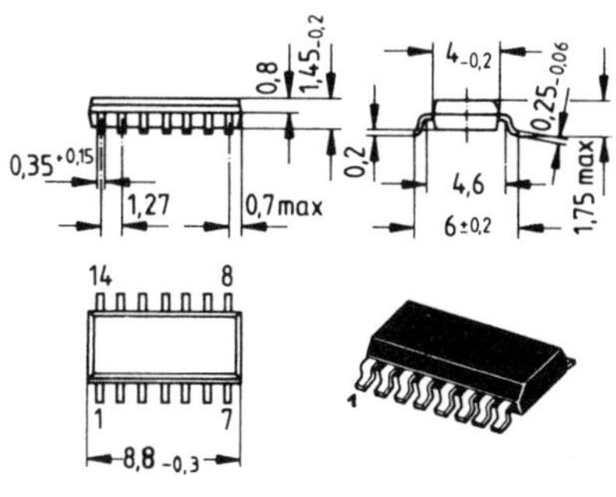

SO 14 (ähnlich)

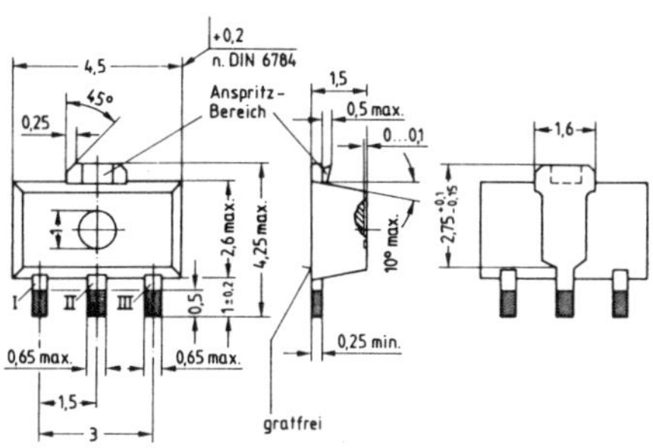

SOT 89

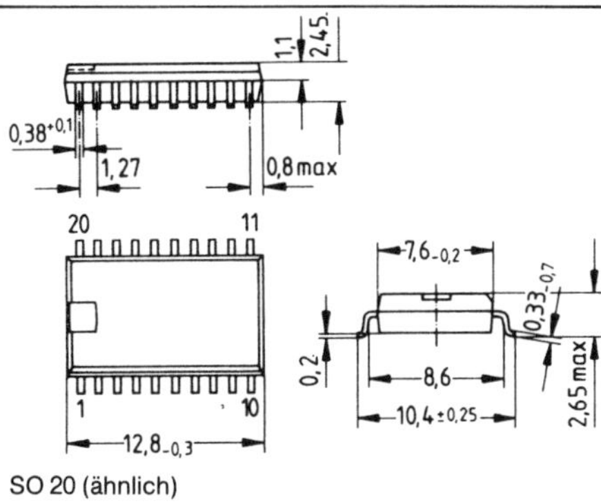

SO 20 (ähnlich)

Gehäuseabbildungen

schmales Gehäuse

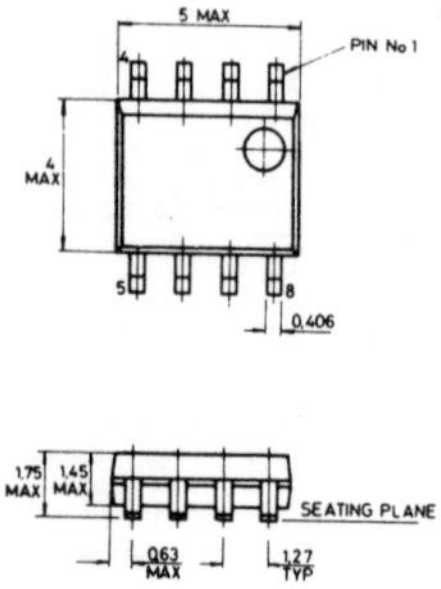

Abm. in mm

SO 8

breites Gehäuse

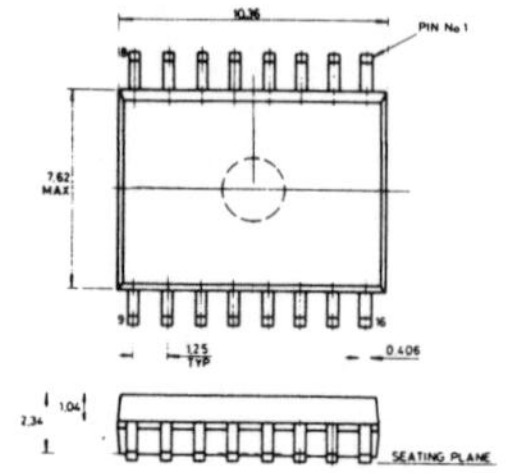

SO 16 L

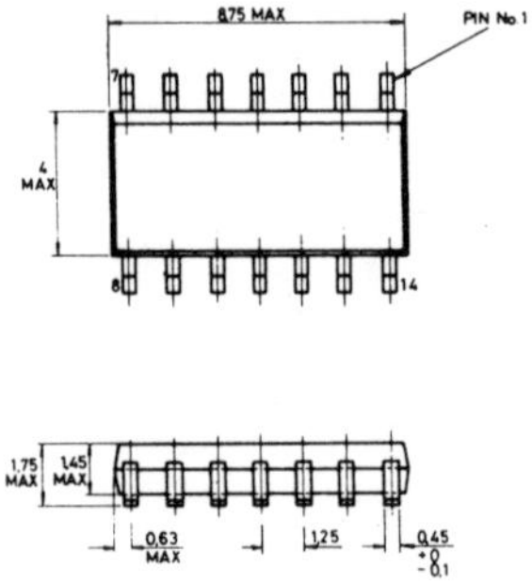

SO 14

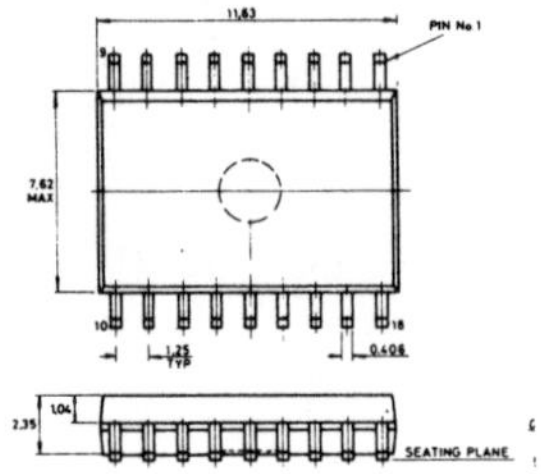

SO 18 L

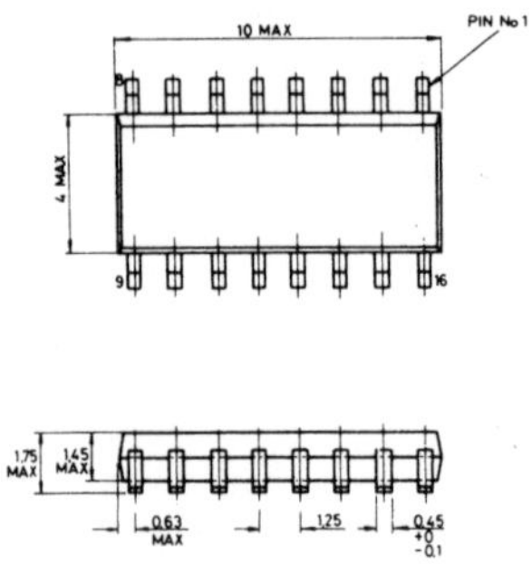

SO 16

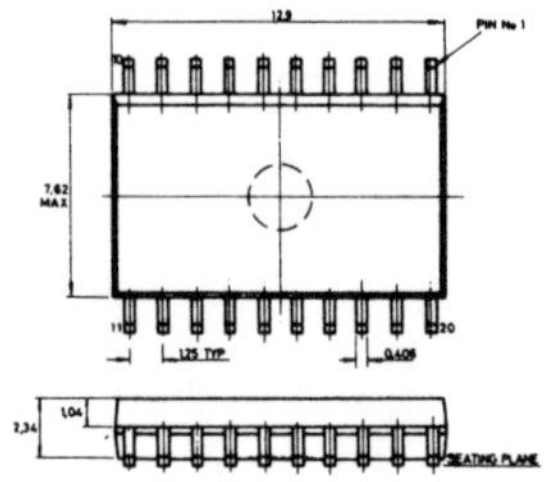

SO 20 L

Gehäuseabbildungen

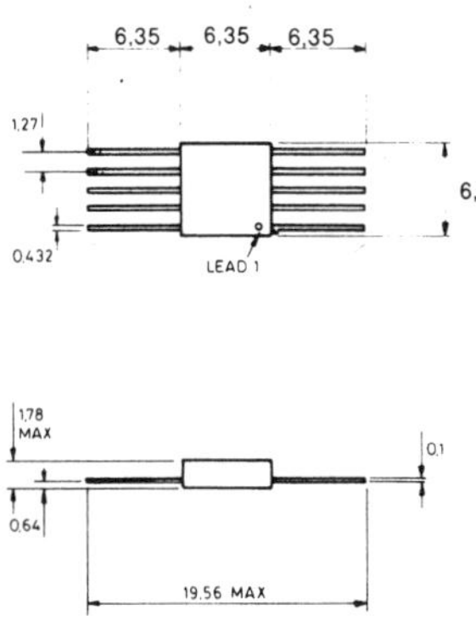

10 LEAD CERAMIC FLAT-PACK

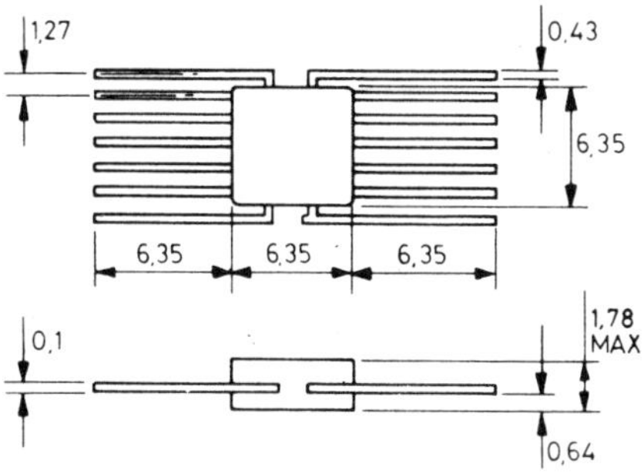

14 LEAD CERAMIC FLAT-PACK

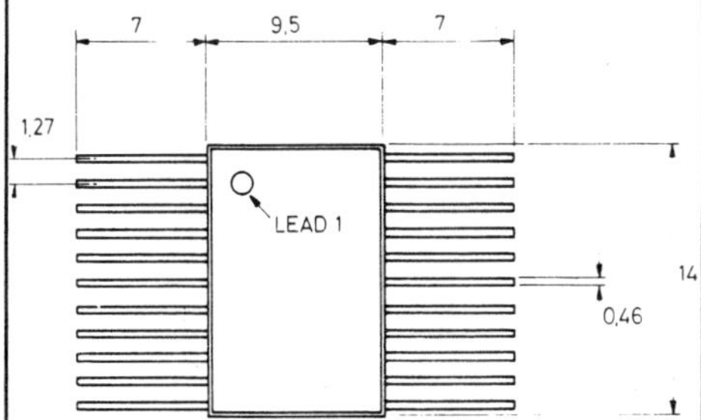

22 LEAD MOULDED FLAT-PACK

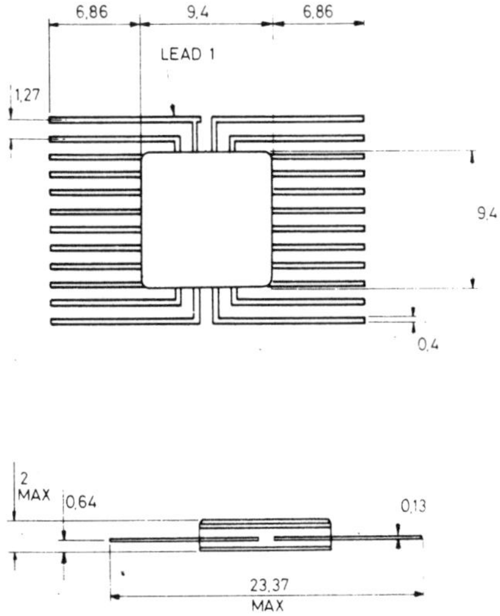

24 LEAD CERAMIC FLAT-PACK

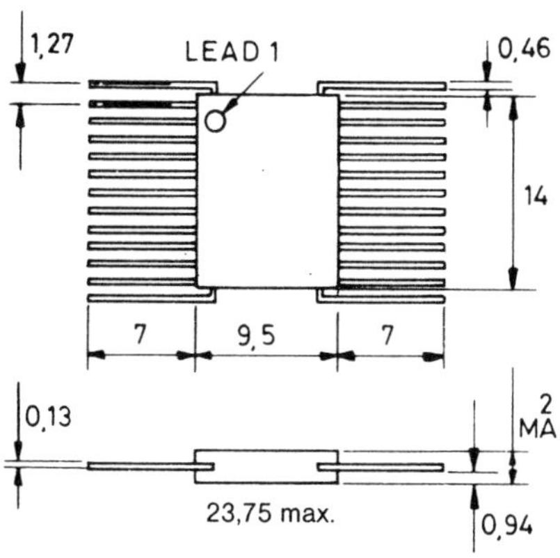

26 LEAD CERAMIC FLAT-PACK

Gehäuseabbildungen

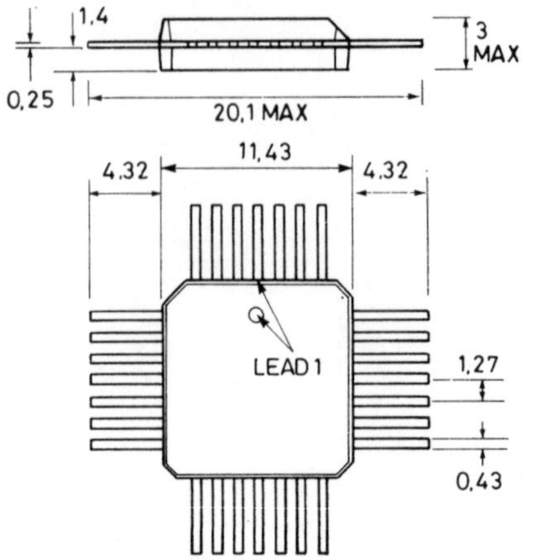

28 LEAD MOULDED FLAT-PACK

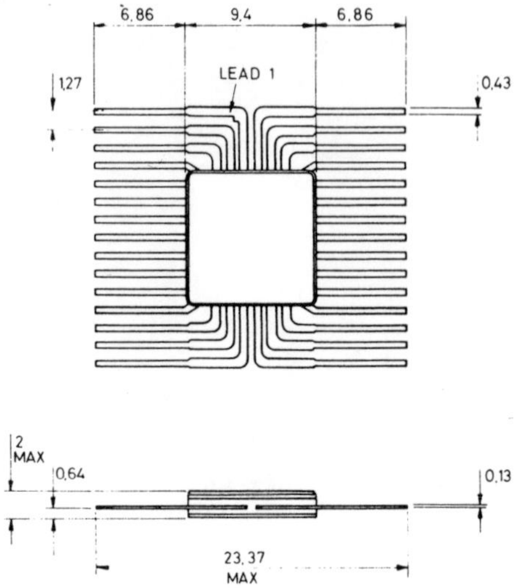

30 LEAD CERAMIC FLAT-PACK

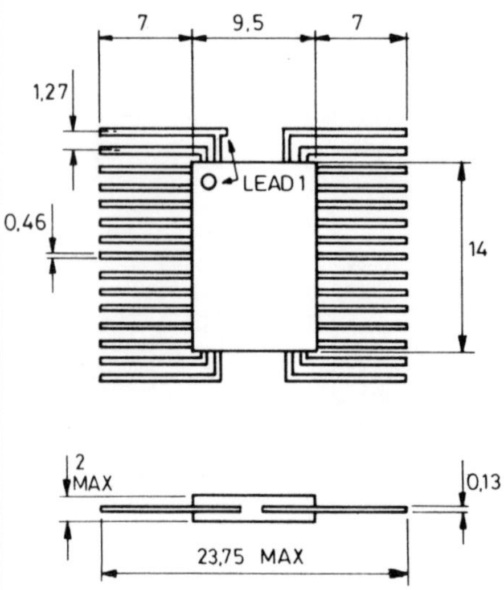

30 LEAD MOULDED FLAT-PACK

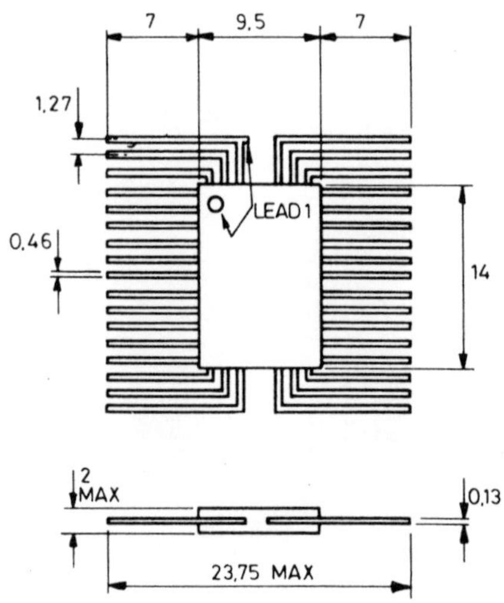

34 LEAD MOULDED FLAT-PACK

Gehäuseabbildungen

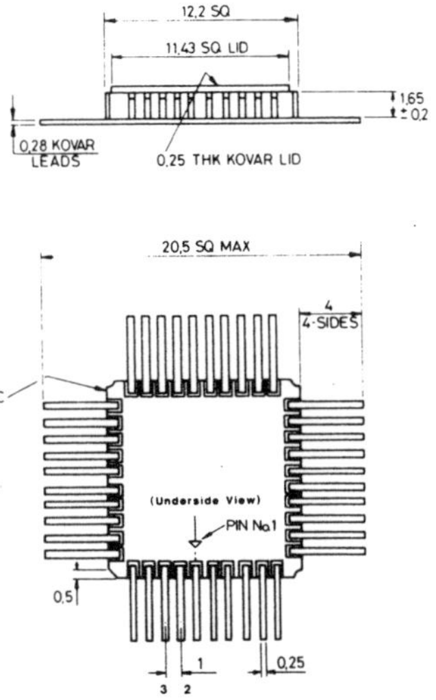

40 LEAD CERAMIC CHIP CARRIER

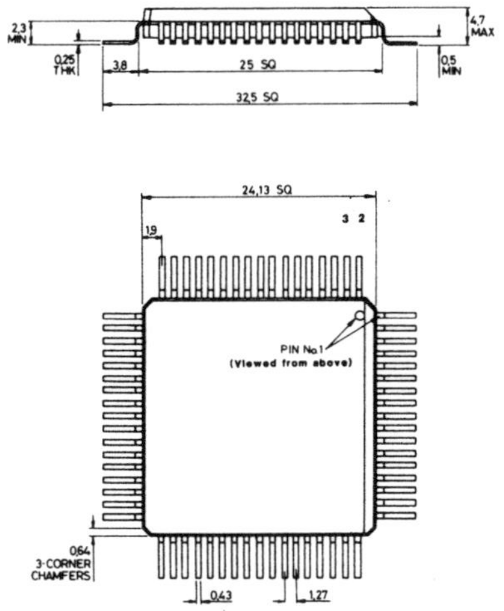

68 LEAD MOULDED FLAT-PACK
(gekröpft)

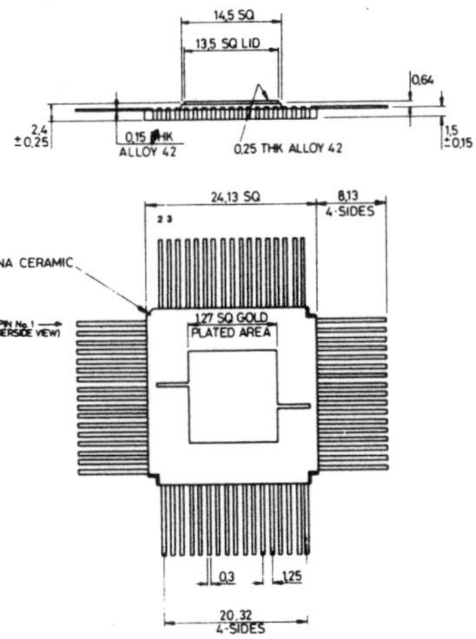

68 LEAD CERAMIC CHIP CARRIER

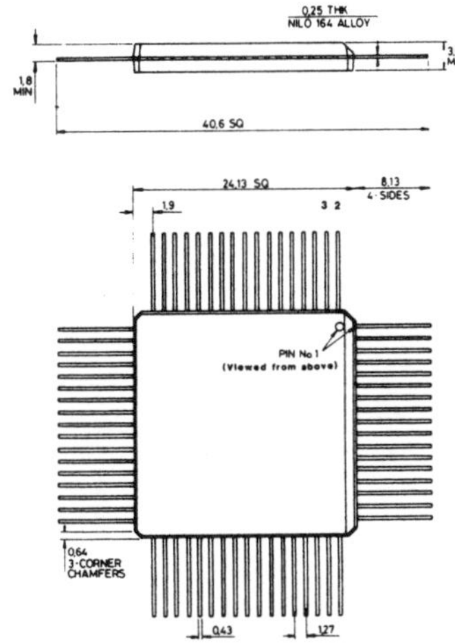

68 LEAD MOULDED FLAT-PACK
(ungekröpft)

Gehäuseabbildungen

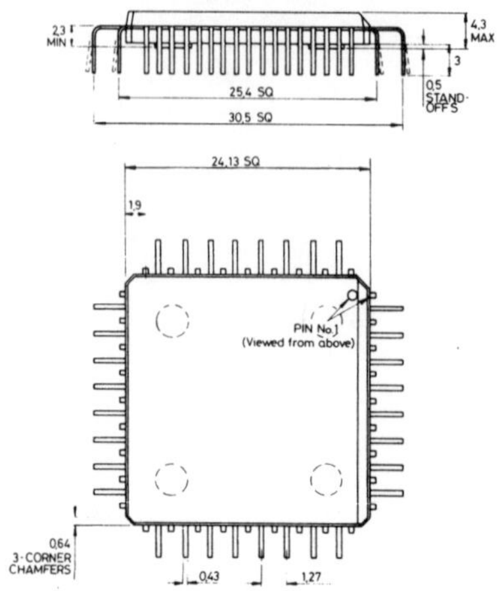

68 LEAD MOULDED FLAT-PACK (GS 68)
(gebogen)

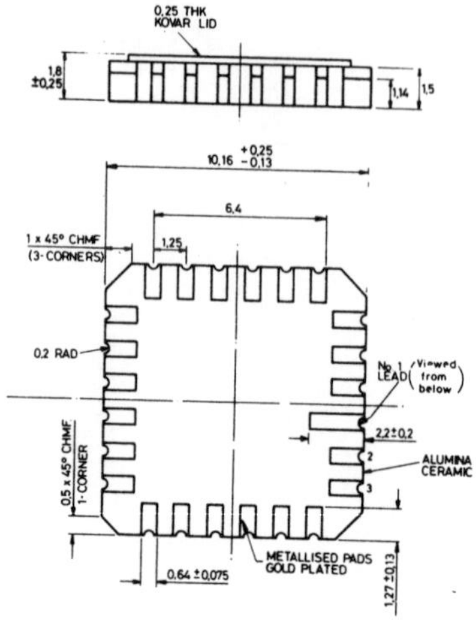

24 LEAD CERAMIC (M 24)

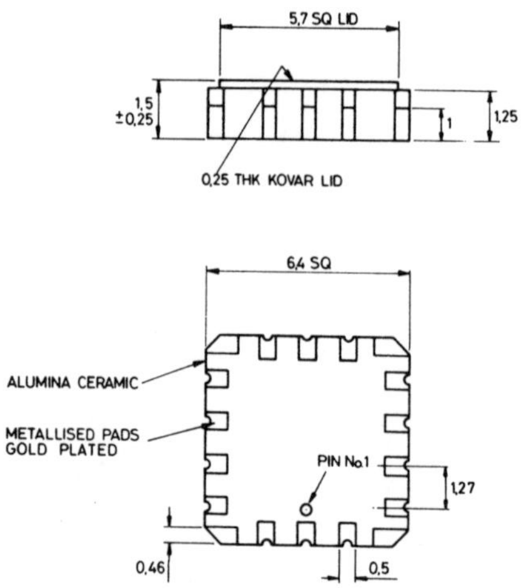

18 LEAD CERAMIC (M 18)

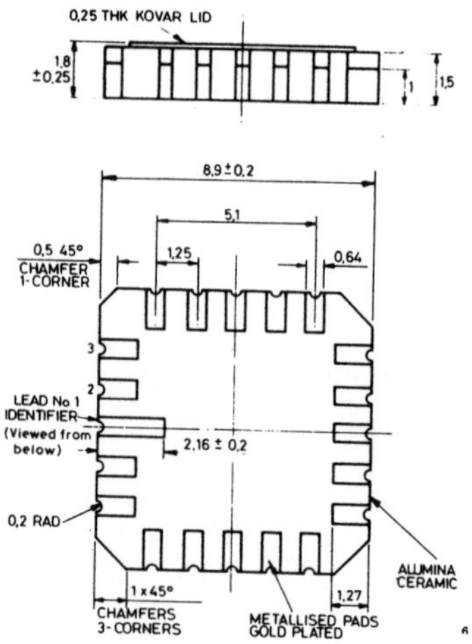

20 LEAD CERAMIC (M 20)

Gehäuseabbildungen

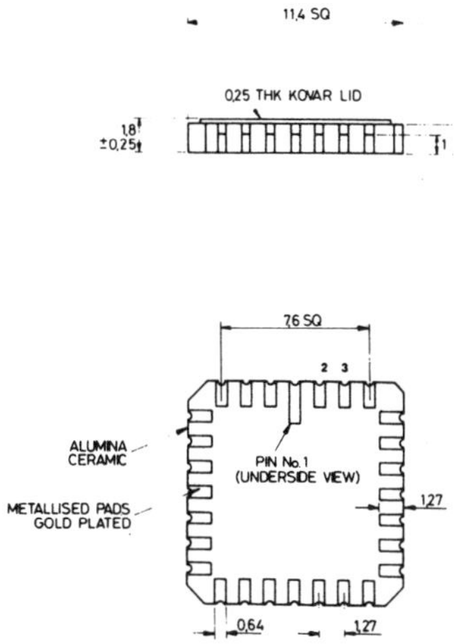

28 LEAD CERAMIC (K 28)

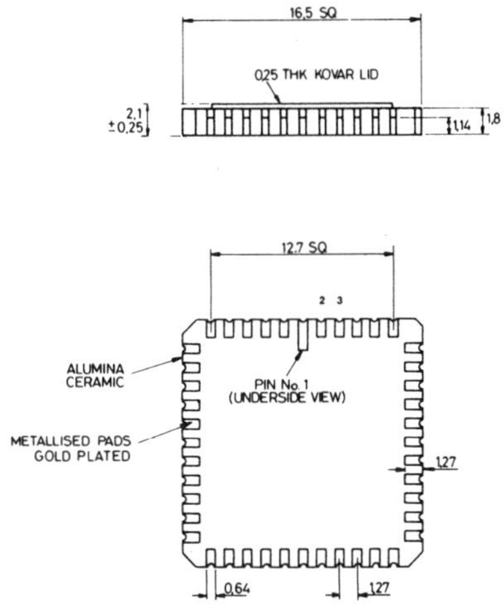

44 LEAD CERAMIC (M 44)

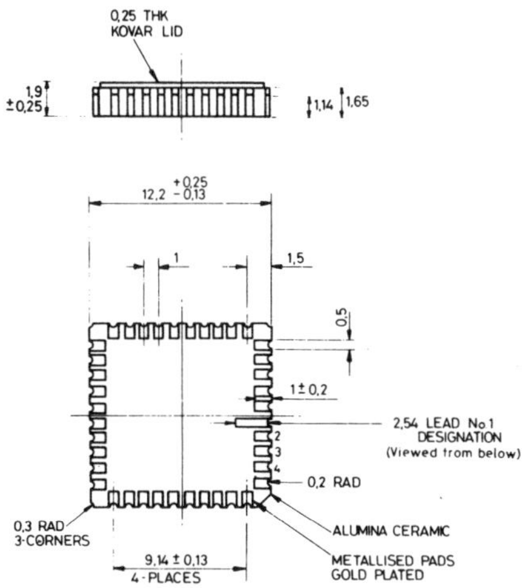

40 LEAD CERAMIC (K 40)

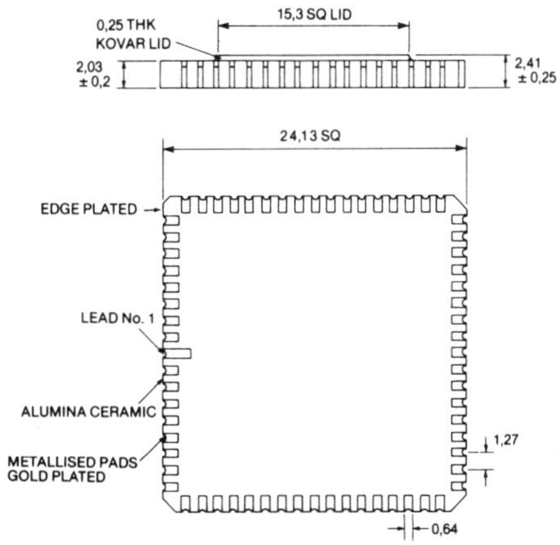

68 LEAD CERAMIC (M 68)

Gehäuseabbildungen

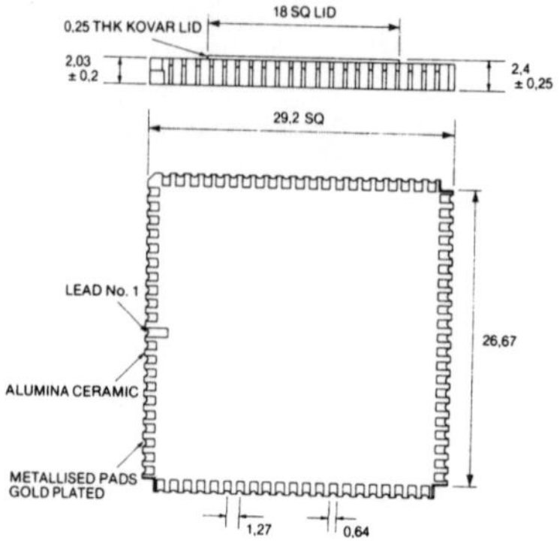

84 LEAD CERAMIC (M 84)

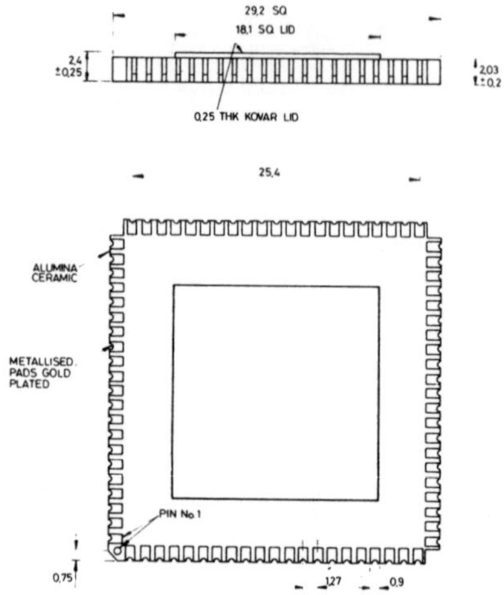

84 LEAD CERAMIC (M 84)

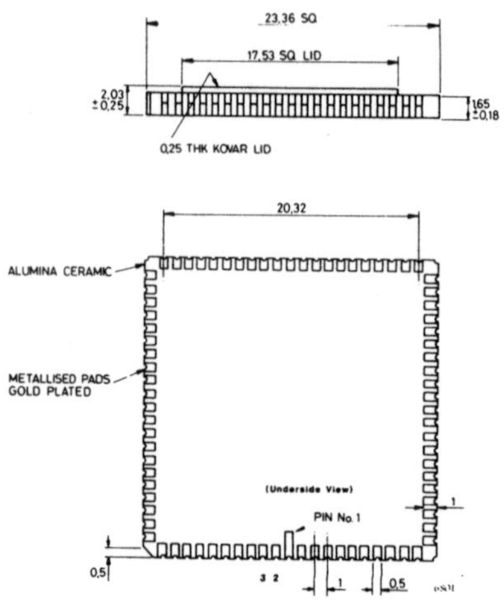

84 LEAD CERAMIC (K 84)

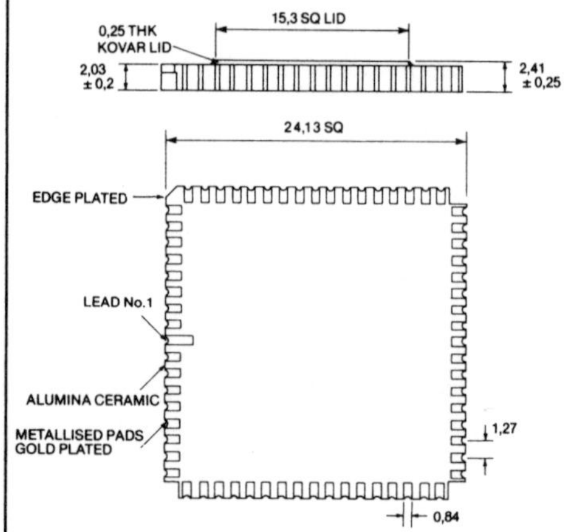

84 LEAD CERAMIC

Gehäuseabbildungen

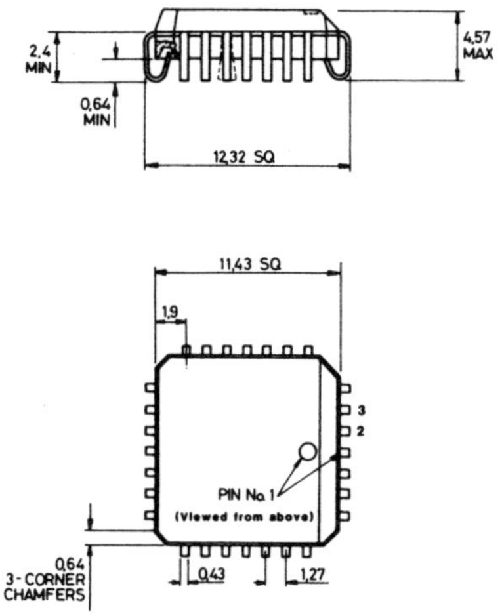

28 LEAD MOULDED (Q 28)

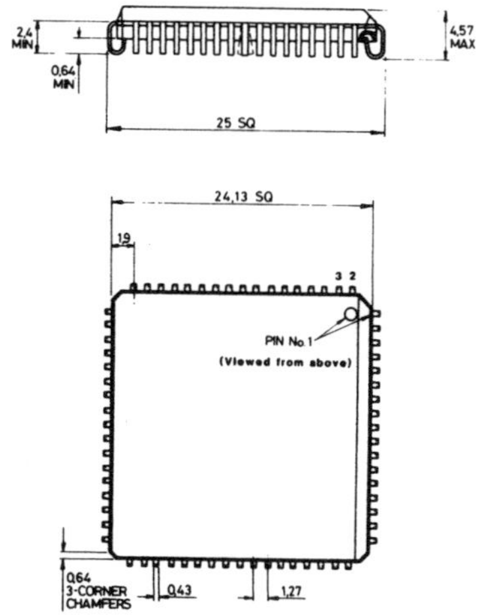

68 LEAD MOULDED (Q 68)

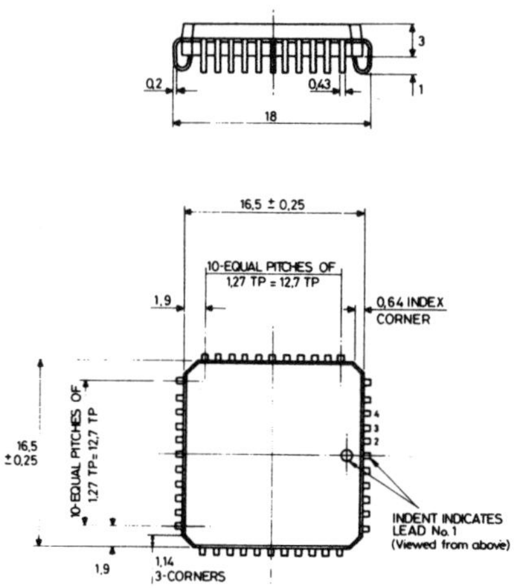

44 LEAD MOULDED (Q 44)

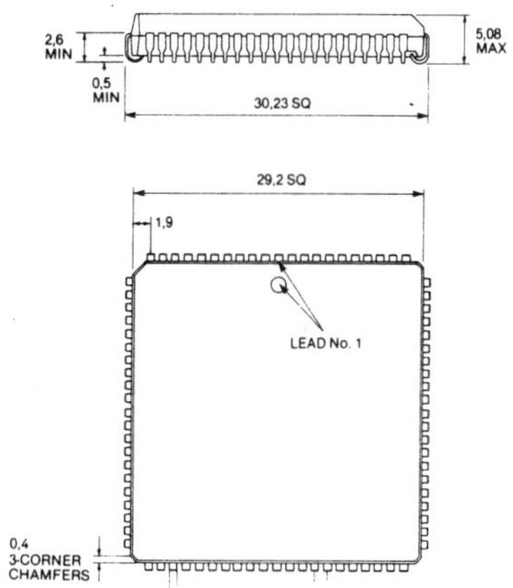

84 LEAD MOULDED (Q 84)

Layout

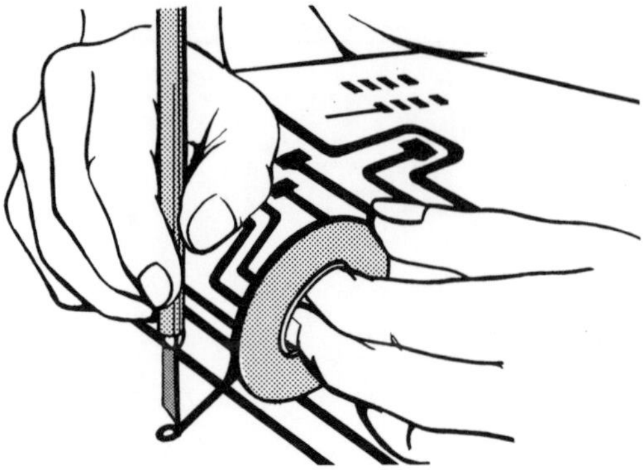

Das Ausgangsprodukt für eine SMD-Baugruppe ist eine normale, meist ungebohrte Leiterplatte. Die Löt-Pads für die Anschlüsse der Bauteile sind als quadratische oder rechteckige Fläche ausgeführt. Die sehr schmalen Leiterbahnen und engen Leiterbahnführungen verlangen vom Layouter und Leiterbahnhersteller hohe Anforderungen an die Genauigkeit. Zu berücksichtigen sind auch alle Belange der Fertigung, also des Bestückens, des Lötens, des Prüfens, Reparierens usw., denn Fehler, die im Layout gemacht werden, können hinterher sehr kostspielig werden.
Als Basis-Material wird bei kleinformatigen Baugruppen dünnes Material von etwa 0,5 mm, 0,8 mm oder 1 mm Stärke verwendet. Ein spezielles Leiterplattenmaterial ist nicht erforderlich. Ideal für die SMD-Anwendung sind Leiterplatten mit 1 mm Stärke. Diese werden bereits seit längerem im Handel angeboten.

Die einfachste und bekannteste Methode für die Layout-Erstellung ist die sogenannte Klebetechnik. Um ein einigermaßen sauberes Layout zu erhalten, ist es zweckmäßig, mindestens im Maßstab 2:1 zu kleben. Seit einiger Zeit werden im Handel bereits spezielle SMD-Anreibe- oder -Klebesymbole im Maßstab 2:1 angeboten. Mit Hilfe dieser Symbole lassen sich wirklich saubere Vorlagen herstellen.
Ein Tip: Bitte sorgen Sie dafür, daß vor dem Layout-Kleben alle Bauteile bereits vorliegen. Das erspart manche Überraschung beim Bestücken bzw. Löten der SMD-Bauteile!.
Sie vermeiden dadurch, daß Lötflächen zu klein, im falschen Raster oder im zu geringen Abstand „geklebt" werden.

Um eine hohe Packungsdichte auf der Leiterplatte zu erreichen, sollten die Leiterbahnen nicht breiter als unbedingt notwendig sein.
Für das „Normalätzen" ist es sinnvoll, eine Leiterbahnbreite von 0,6 mm sowie einen Leiterbahnabstand von ebenfalls 0,6 mm nicht zu unterschreiten. Bei „gestochen" scharfen Vorlagen und sauber beschichteten Leiterplatten ist selbstverständlich auch eine geringere Leiterbahnbreite bzw. auch ein geringerer Leiterbahnabstand bis hin zu 0,2 mm möglich (Feinstätz-Leitertechnik). Wer als Hobbyelektroniker bei Leiterbahnbreiten unter 0,6 mm geht, sollte bereits ein bißchen Erfahrung im Ätzen haben.

SMD-Schaltungen

Auch für den Hobbybastler besteht oft der Wunsch oder die Notwendigkeit, Schaltungen sehr klein zu halten. Mit etwas Geschick ist es ohne weiteres möglich, SMD-Schaltungen mit herkömmlichen Werkzeug aufzubauen. Die erforderliche Platine wird dabei in gewohnter Weise hergestellt.
Zum praktischen Kennenlernen dieser neuen Technologie stellen wir Ihnen nachfolgend einige Schaltungen vor, die relativ leicht aufzubauen sind.

SMD-Blitzer

Dieser Miniatur-Blitzer, aufgebaut mit SMD-Bauteilen, steuert eine Glühlampe mit kurzen Impulsen an, so daß der Eindruck eines Blitzlichtes entsteht. Aufgrund der geringen Abmessungen (15 x 15 mm) ist dieser Blitzer besonders für den Modellbaubereich, Polizei- und Krankenwagen-Einsatzfahrzeuge, RC-Cars usw.

Technische Daten:

Betriebsspannung:	6 ... 12 V=
Blinkfrequenz:	ca. 1 Hz
Abmessungen:	15 x 15 mm

Schaltungsbeschreibung

Das Herz der Schaltung bildet der bekannte Timer IC NE-555, der als Multivibrator geschaltet ist. Als frequenzbestimmende Elemente dienen R 1, R 2 sowie der Elko C 1. Die Pausenzeit wird durch R 1 bestimmt und die Blitzzeit wird mit R 2 festgelegt. Der Widerstand R 2 wurde relativ klein gewählt, damit eine schnelle Entladung des zeitbestimmenden Elkos C 1 erreicht und somit der gewünschte Blitzeffekt erzielt wird. Da der Timer 555 sehr leicht zum Schwingen neigt, wurde der Kondensator C 2 zur Schwingunterdrückung eingesetzt. Der Ausgang Pin 3 steuert direkt ein Miniaturlämpchen an. Die Diode D 1 dient zum Schutz der Schaltung gegen eventuelle Falschpolung der Betriebsspannung.

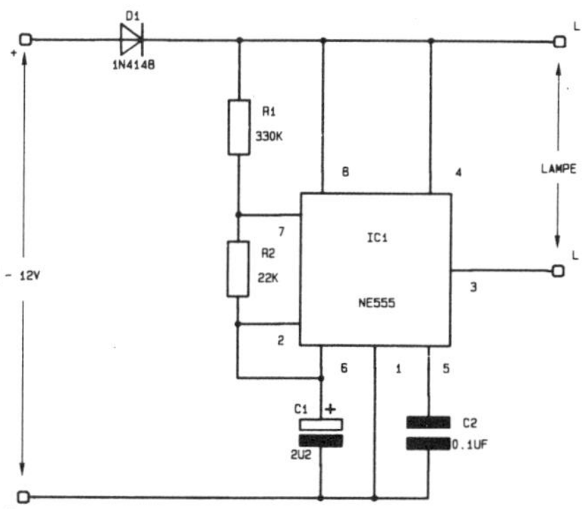

Schaltplan des SMD-Blitzers

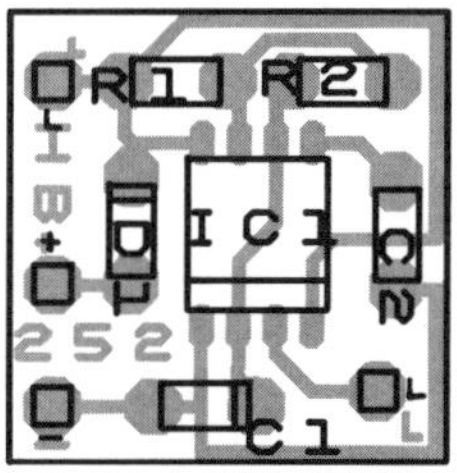

Bauteilanordnung (Plazierung)

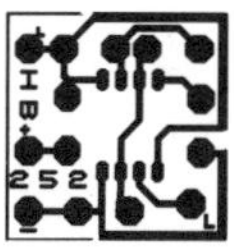

Layout Originalgröße

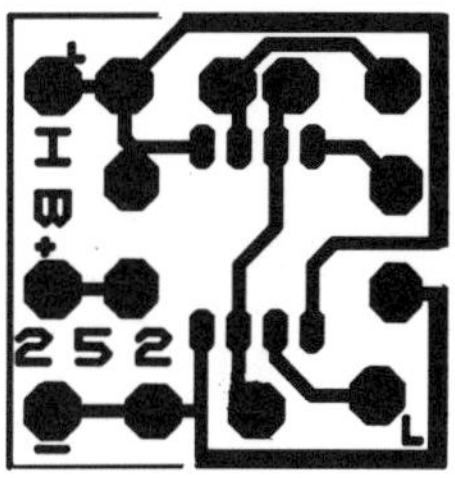

Layout Maßstab 2:1

SMD-Wechselblinker

Ein integrierter Schaltkreis steuert zwei SMD-LEDs wechselweise (rot/grün) an. Die Blinkfrequenz ist mit einem Trimmpoti von ca. 0,5 bis 5 Hz einstellbar.

Technische Daten:

Betriebsspannung:	9 . . . 15 V=
Stromaufnahme:	ca. 10 mA
Abmessungen:	18 x 25 mm

Schaltungsbeschreibung

Das Herz der Schaltung bildet der bekannte Timer IC-555, der sich ausgezeichnet als Rechteckgenerator mit dem Vorteil eines großen Spannungsversorgungsbereichs und guter Frequenzstabilität einsetzen läßt. Durch die besondere Beschaltung (Abweichung von der Standardbeschaltung) besteht der erforderliche Widerstand zwischen Pin 6 und 7 hier aus VR 1, R 2, D 1 und D 2, womit ein Tastverhältnis von 50 % erreicht wird. Durch die beiden Dioden erreicht man eine definierte Ladezeit des Kondensators C 1. Die Blinkfrequenz wird mit VR 1 eingestellt. Da der Timer 555 sehr leicht zum Schwingen neigt, wurde C 2 zur Schwingunterdrückung eingesetzt. Der Ausgang Pin 3 steuert direkt die LEDs an. Der Widerstand R 3 bzw. R 4 begrenzt den Strom durch die LED, der bei einer Betriebsspannung von 12 V bei etwa 10 mA liegt.

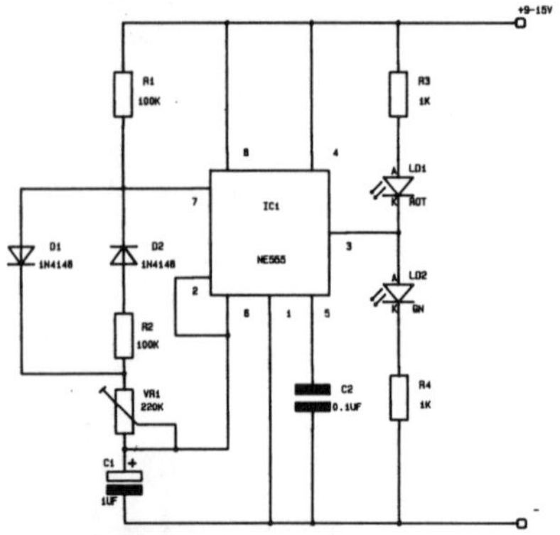

Schaltplan des Wechselblinkers

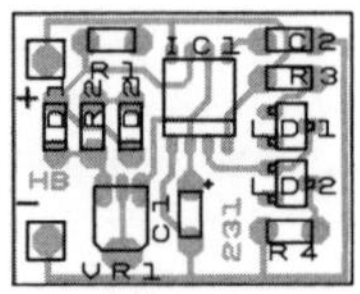

Bauteilanordnung (Plazierung)

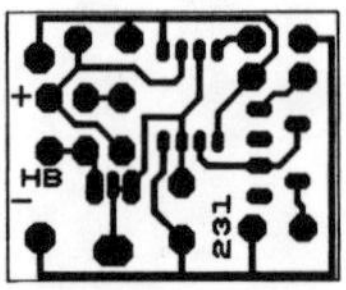

Layout Originalgröße

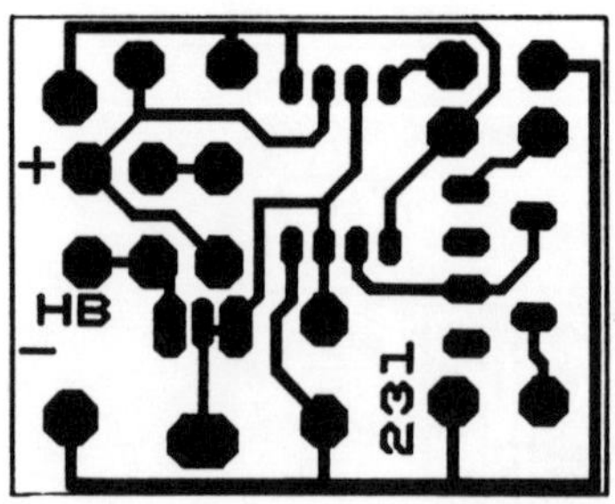

Layout Maßstab 2:1

500 mW Subminiatur SMD-Verstärker

Dieser Verstärker, aufgebaut in SMD-Technologie zeichnet sich durch seine Leistung bei kleiner Abmessung aus. Durch den geringen Ruhestrom (2,5 mA) ist dieser Verstärker bestens für Batteriebetrieb geeignet.

Technische Daten:
Betriebsspannung 4 . . . 16 V, Ruhestrom ca. 2,5 mA, Ausgangsleistung max. 500 mW (9 V/32 Ω), Lautsprecher 8 . . . 100 Ω, Abmessung 16,5 x 15,5 mm.

Schaltungsbeschreibung
Das Herz der Schaltung bildet der integrierte NF-Verstärker MC 34119 D im 8-pin SMD-Gehäuse (SO-8).
Die besonderen Merkmale sind:

★ Großer Betriebsspannungsbereich (2–16 V)
★ Für Lautsprecher 8–32 Ω
★ Aufgrund der geringen externen Beschaltung kleine Abmessung 15,5 x 16,5 mm
★ Niedrige Ruhestromaufnahme
★ Hohe Ausgangsleistung (500 mW/32 Ω)

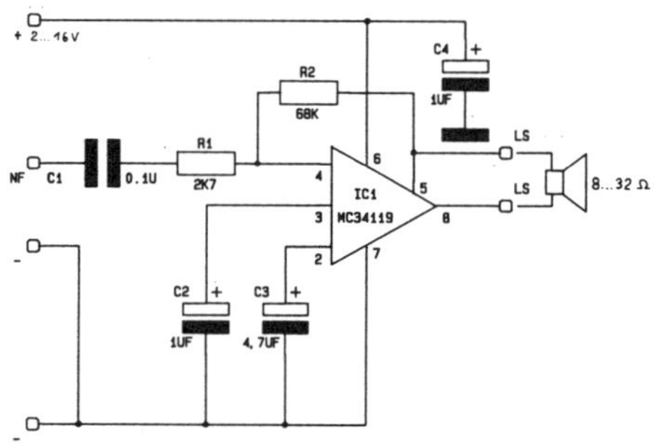

Schaltplan des NF-Verstärkers

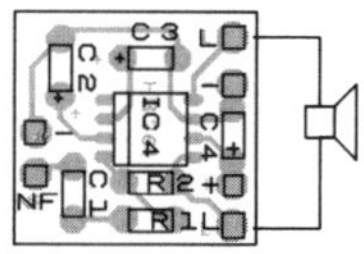

Bauteileanordnung (Plazierung)

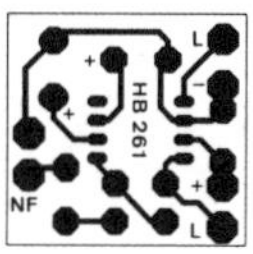

Originalgröße 1:1

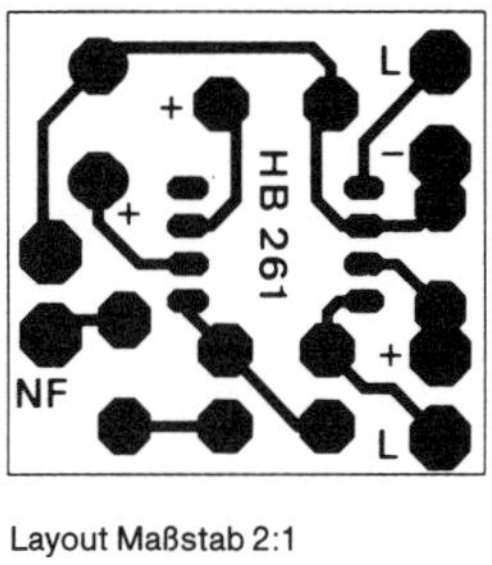

Layout Maßstab 2:1

SMD-Stereo-Verstärker 2 × 75 mW

Dieser Verstärker, aufgebaut in SMD-Technologie erzeugt 2 × 75 mW Ausgangsleistung an 2 × 32 Ohm und eignet sich besonders als kleiner Walkman-Verstärker. Aufgrund der geringen Ruhestromaufnahme von etwa 3 mA ist dieser bestens für Batteriebetrieb geeignet.

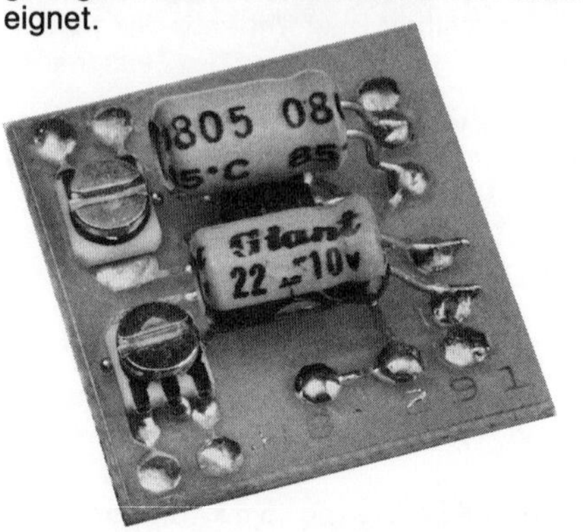

Anwendungen:

Walkman, Kopfhörerverstärker, Card-Radios, Verstärkeranwendungen in batteriebetriebenen Geräten und vieles mehr.

Technische Daten:

Betriebsspannung:	3 V (1,6 ... 6 V=)
Ruhestrom:	ca. 3 mA
Ausgangsleistung:	2 × 75 mW für Lautsprecher oder Kopfhörer mit 32 Ω.
Abmessung:	19 × 18 mm

Stereo-Brückenverstärker für niedrige Batteriespannung

Die monolithisch integrierte Schaltung TDA 7050 T von Valvo ist in einem Mini-Pack-Kunststoffgehäuse mit acht Anschlüssen untergebracht.
Der TDA 7050 enthält zwei voneinander unabhängige monolithisch integrierte Endstufen, die so gut wie keine externen Bauteile mehr erfordern.
In der Stereoversion braucht man zusätzlich noch einen Auskoppelelko um den DC-Offset vom Lautsprecher fernzuhalten.
Die Verstärker sind für maximale Leistung bei niedrigen (asymmetrischen) Versorgungsspannungen ausgelegt. Die volle Leistung wird bereits ab 3 V erreicht, der Ruhestrom ist vernachlässigbar. Die Eingangsimpedanz ist mit 2 MΩ sehr hochohmig ausgelegt.
Diese Schaltung eignet sich besonders für den Selbstbau von Mikroempfängern und Minikassettenrecordern für HiFi-Kopfhörerbetrieb bzw. Minilautsprecher mit einer Impedanz > 32 Ω. Der typische Batteriespannungs-Versorgungsbereich ist 3 V bis 4,5 V. Die Funktion ist bis zu 1,6 V herab gewährleistet. Der Gesamtruhestrom beträgt 3,2 mA. Bei Stereobetrieb ist bei einer Batterie-Versorgungsspannung von 3 V eine Ausgleichsleistung von 35 mW pro Kanal bei K_{ges} = 10 % erreichbar und bei U_B = 4,5 V 75 mW. Bei nur 10 mW Ausgangsleistung beträgt der Klirrfaktor nur 0,3%. Die Verstärkung beläuft sich auf 26 dB bei Stereobetrieb. Kanaltrennung 40 dB.

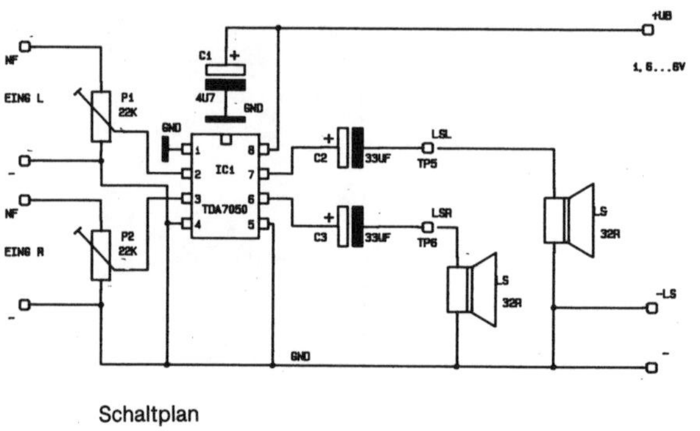

Schaltplan

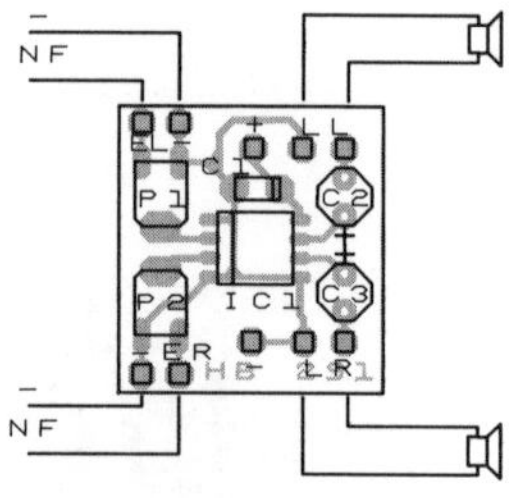

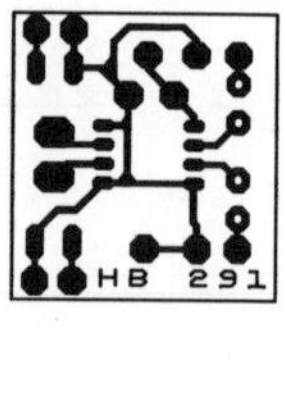

SMD-Langzeitschalter

Ein Präzisions-Schalter mit dem sich Zeitbereiche von 5 Sek. bis ca. 150 Sek. stufenlos einstellen lassen. Durch Verwendung eines speziellen Teiler-ICs können mit einer Kapazität von 0,1 μF (100 nF) bereits Zeiten bis 60 Min. erreicht werden. Nach Ablauf der eingestellten Zeit fällt das Relais wieder ab. Aufgrund der kleinen Bauform kann die Platine seitlich an jedes Relais geklebt werden. Durch einen einzigen Taster wird der Zeitschalter gestartet und kann vor Ablauf der Zeit darauf auch wieder zurückgesetzt werden.

Technische Daten:

Betriebsspannung:	12 V= (6 ... 16 V= je nach Relaistyp)
Ruhestrom:	ca. 2 mA
Max. Schaltstrom:	300 mA
Abmessungen:	20 × 20 mm

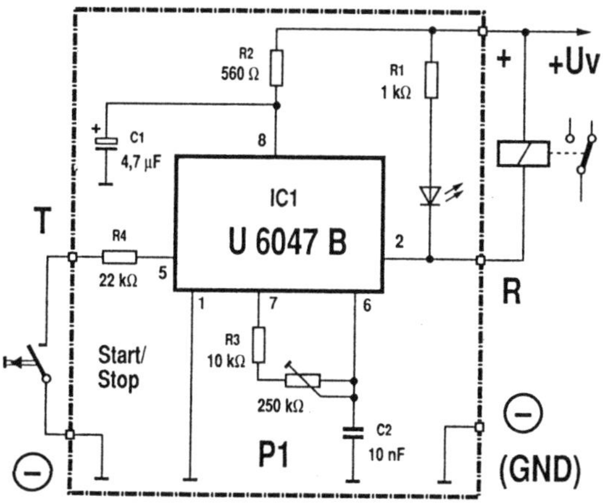

Schaltplan

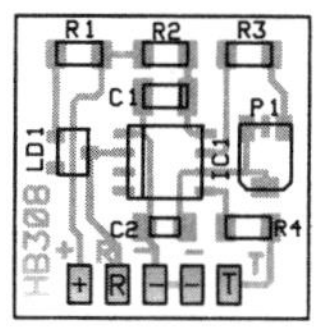

Bauteileanordnung

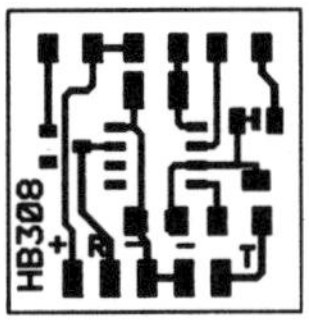

Layout 1:1

SMD-Lichtschranke

Dieser Bausatz ist als Lichtschranke oder Dämmerungsschalter zu verwenden. Die Schaltung zeichnet sich durch ihre in weiten Grenzen einstellbare Ansprechempfindlichkeit aus. Bei Dunkelheit schaltet ein Leistungstransistor durch, womit verschiedene Verbraucher oder Warngeräte geschaltet werden können. Mit Hilfe eines doppelseitigen Klebebandes kann die Platine direkt an Geräten, Relais o. ä. befestigt werden.

Technische Daten:

Betriebsspannung:	9 ... 15 V=, Ruhestrom: ca. 4 mA
Schaltstrom:	max. 1 A
Abmessung:	24 × 23 mm

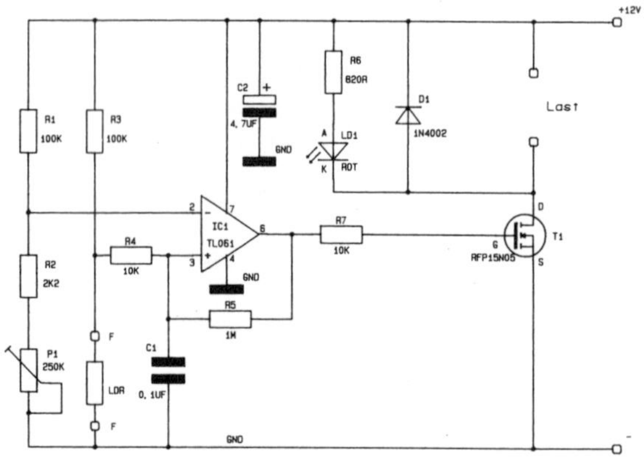

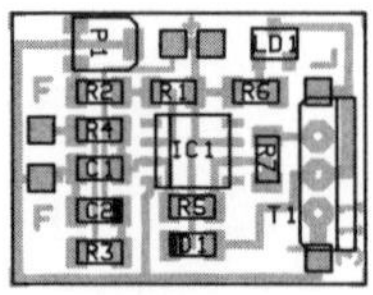

Bauteileanordnung

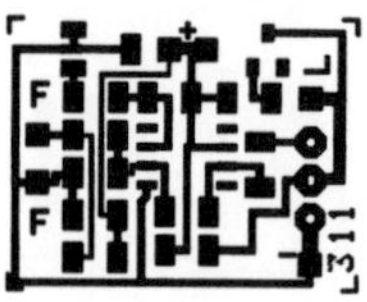

Layout 1:1

SMD-Weihnachtsbaum

Dieser Weihnachtsbaum stellt ein Schmuckstück für jeden Elektronikbastler dar. 10 Miniatur-LEDs blinken in unregelmäßigen Abständen und ergeben somit einen tollen Effekt. Geeignet als Christbaumschmuck, Dekoration usw.

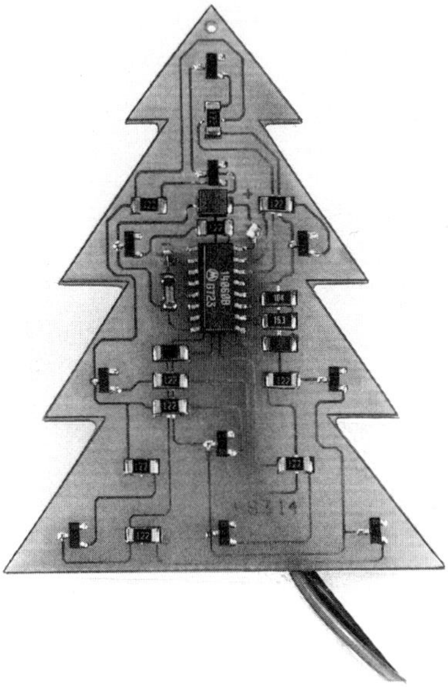

Technische Daten:

Betriebsspannung:	9 ... 15 V=
Stromaufnahme:	ca. 15 mA
Abmessung:	63 × 50 mm

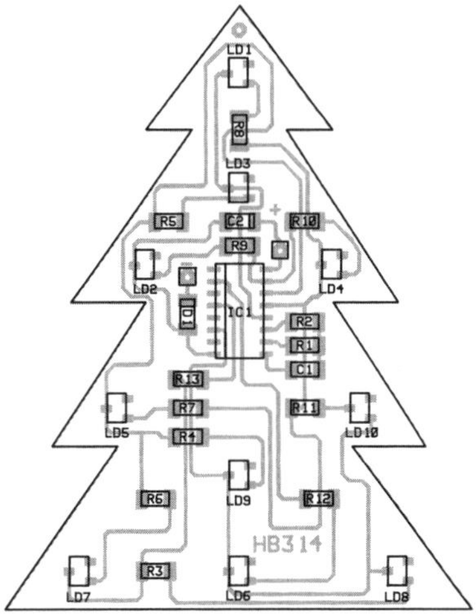

Bauteileanordnung

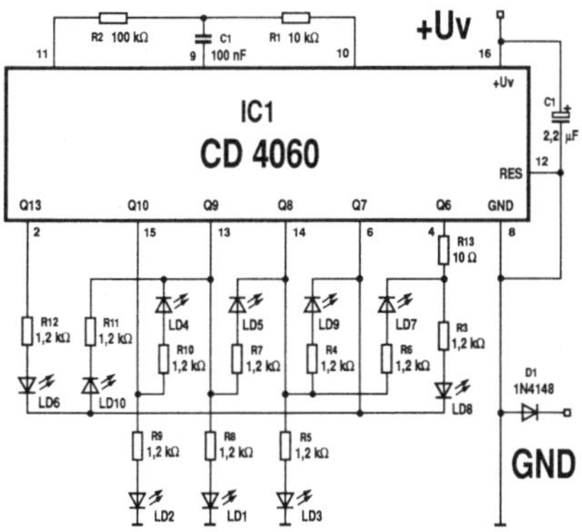

Schaltplan

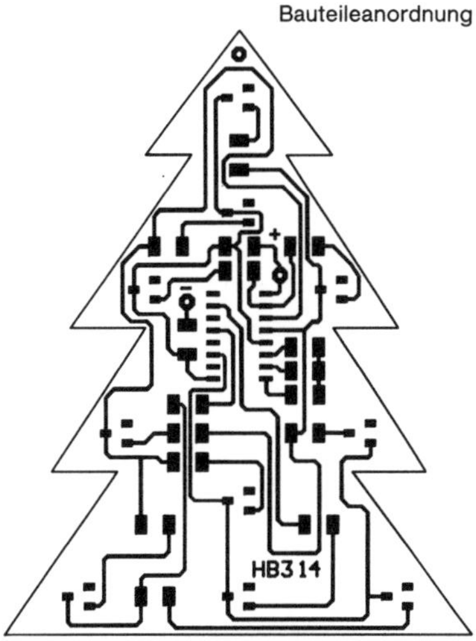

Layout

Quellennachweis:

Als Quellen in diesem Buch dienten Datenbücher folgender Firmen:

Ferranti
Linear Technology
Motorola
National
Philips Components
RCA
SGS
Siemens
Telefunken
Thomsen
Texas Instruments
Valvo

A. Härtl / **Optoelektronik in der Praxis.**
4. überarbeitete Auflage. 224 Seiten, ca. 250 Abbildungen und Zeichnungen, über 100 Schaltungen.
Durch äußerst klaren Aufbau und detaillierte Aussagen stellt dieses Buch eine wertvolle Arbeitsunterlage dar für jeden, der mit optoelektronischen Bauteilen arbeitet. Opto-Vergleichstabelle, technische Daten, Schaltungen und Anschlußbelegungen zu den gängigsten und bekanntesten LEDs, Blink-LEDs, IR-LEDs, Fotowiderstand, Optokopplern, Fototransistoren, Reflexlichtschranken, Siebensegmentanzeigen, LED-Leuchtbändern, LCD-Anzeigen. Zusätzlicher technischer Anhang mit den wichtigsten Anschlußbelegungen von CMOS-ICs, TTL-ICs, Transistoren u.v.m.

A. Härtl / **Halbleiter-Anschluß-Tabelle.**
6. überarbeitete und erweiterte Auflage.
Dieses Buch bietet dem engagierten Elektroniker eine Fülle von Informationen. Auf 198 Seiten werden über 1200 Anschlußbelegungen der wichtigsten Linear-, TTL- und CMOS-ICs, Transistoren und Triacs vorgestellt. Eine Vergleichstabelle für Linear- und MOSFET-Typen rundet die Zusammenstellung ab. Ein ideales Nachschlagewerk für die Praxis.

Bezugsquellenverzeichnis:

Nachfolgend eine kleine Auflistung – die keinen Anspruch auf Vollständigkeit erhebt – von Firmen, die Geräte und umfangreiches Zubehör für die SMD-Technik vertreiben.

AAT Aston GmbH
Postfach 84 01 51
8500 Nürnberg 84

Cooper Group Deutschland
(Weller)
Postfach 13 51
7122 Besigheim

COSY SMD-Vertriebs GmbH
Postfach 13 24
7053 Kernen 1

EDSYN GmbH Europa
Zentrum für Löt- und Entlöttechnik
Finkenweg 2
6983 Kreuzwertheim

ERSA KG
Postfach 12 61
6980 Wertheim

Fritsch
Utzenhofen 46
Postfach 8
8455 Kastl

GLT GmbH
Rennfeldstraße 18
7530 Pforzheim

HEEB
Einsteinstraße 11
7126 Sersheim

SEEF GmbH
Kringelsburg
2127 Scharnbeck